환경갈등과 사회영향평가 방법

구자건 · 이무춘 지음

연세대학교 출판부

머리말

우리나라는 국토 면적이 좁고 인구 밀도가 높은데 비해 개발 사업의 수요는 큰 편이다. 개발 사업은 지역사회 발전의 계기를 마련하기도 하지만 환경 훼손과 사회적 갈등을 유발하기도 한다. 이 같은 개발사업 주체와 지역 주민들 사이의 갈등은 비단 우리나라뿐만 아니라 전 세계적으로 일어나고 있는 현상이어서, 지금 이 시간에도 지구 곳곳에서 개발사업과 환경보전을 둘러싼 갈등은 끊이지 않고 있을 것이다.

인류의 생존 역사 중 지구 온난화와 기상 이변으로 인한 환경 재해가 가장 빈번해진 요즈음 국내외적으로 가장 널리 쓰이고 있는 용어 중 하나는 바로 '지속가능한 발전'(Sustainable Development)일 것이다. '지속가능한 발전' 이란 환경적인 지속가능성뿐만 아니라 사회적인 지속가능성도 포함하는 개념이다. 세계경제포럼(WEF)이 정기적으로 발표하고 있는 국가별 환경지속성지수(ESI)에 수질 · 대기질 · 생물종 다양성 등과 같은 환경지수 외에도 사회 · 교육 · 문화 등 다양한 사회적 현상과 관련된 지표가 포함되어 있는 것을 보면 이를 알 수 있다.

한 국가의 지역사회 곳곳에서 벌어지고 있는 소규모 개발 사업이 지역 환경에 미치는 누적 효과역시 지역사회에 부정적인 영향을 미치지만, 대규모 개발 사업이 지역사회에 미치는 환경 영향과 사회적 영향은 그 규모와 범위 면에서 훨씬 크고 중대하다. 대규모 지역 개발사업이 실행 단계에서 무산되거나 계획이 변경될 경우 발생되는 사회적 손실은 매우 크다. 이는 국가 재원의 손실과 직결된다. 대규모 개발사업이 사회에 미치는 영향을 사전에 예측하고 평가하며, 이를 통해 예측된 부정적 영향을 사전에 저감하려는 '사회영향평가'를 중요하게 다루지 않으면 안 되는 이유가 여기에 있다.

사회영향평가는 두 가지 측면에서 중요하다. 첫째, 개발 사업을 둘러싼 사회 구성원의 합의점 도출이란 측면이고, 두 번째는 공공 재원의 절약이란 재정적 측면에서의 중요성 때문이다. 국내에서 사회영향평가에 관한 논의는 환경사회학자들과 환경영향평가 전문가들 사이에 이루어지고 있으나 아직까지 체계적인 논의는 미흡한 편이다. 평가서 작성 지침 및 방법론과 같은 제도적 장치의 미흡, 개발 사업시행자의 인식 부족, 그리고 평가기관의 전문성 부족 등도 사회영향평가가 환경갈등을 저감할 수 있는 유용한 수단으로 활용되지 못하고 있는 원인의 하나이다. 이에 비해 국제적으로는 개발 사업을 둘러싸고 사회적 갈등이 첨예한 댐 건설 사업 부문에서 사회영향평가가 비교적 활발히 진행되고 있는 편이다.

이 책의 부록에 실려있는 사회영향평가서 작성 지침은 저자들이 과학기술부의 '수자원의 지속적 확보 기술 개발 사업' 연구과제에 참여했던 성과물을 재정리한 것이며, '새만금 사업과 사회환경지표'는 수원대 이상훈 교수, 콜롬보플랜스탭칼리지(Colombo Plan Staff College)의 류재홍 박사와 함께 수행했던 연구 과제의 결과물을 정리하여 수록한 것이다. 이 책이 나오기까지 원고를 정성스럽게 다듬어 준 연세대학교 출판부 여러분께 감사드린다.

"장기적으로는 이상적인 것이 현실적"이라는 말이 있다. 이제 우리나라도 사회적 갈등과 이로 인한 국가 재원의 낭비를 막기 위해 대규모 공공사업에 대해 사회영향평가를 시도해볼 것을 제안해본다.

2007년 12월 초

원주캠퍼스 매지 호숫가에서 저자 일동

차례

제1장 최근의 환경문제와 사회갈등

1. 국책사업과 환경갈등

인간의 각종 개발 행위는 인간을 둘러싸고 있는 자연환경, 생활환경, 사회경제환경에 다양한 환경 영향을 미친다. 특히 공사 규모가 큰 대규모 개발사업의 경우 환경 영향의 범위가 넓고 그 크기도 크기 때문에 주요 국가에서는 환경영향평가와 같은 사전 예방적 제도를 통해 환경에 미치는 부정적 영향을 최소화하려는 노력을 하고 있다.

대규모 개발사업 가운데서도 정부나 공공기관이 시행하는 '대형 국책사업' 은 총사업비 500억원 이상의 공공 건설사업으로 예산회계법 시행령 제9조 제2항에 의해 예비타당성 조사 대상이 되는 사업을 말한다. 대형 국책사업은 1999년에 도입된 예비타당성 조사 제도에 의해 사업의 타당성이 입증된 경우[1]에 한해 예산을 반영하도록 되어 있다. 이러한 예비타당성조사 대상사업으로는 댐, 고속도로, 전철, 교량과 같은 사회기반시설(SOC) 건설사업 외에도 박물관, 종합병원, 해양종합공원 등과 같은 사업도 포함되어 있다.

이와 같은 대규모 개발사업은 다양한 갈등의 원인이 되기도 한다. 특히 지방자치제 실시 이후 이 같은 공공 부문 갈등이 크게 증가했는데, 그 이유는 과거 중앙정부의 하향식 행정 처리 방식과 달리 시설 입지나 개발 방식을 둘러싸고 중앙정부와 지방정부 또는 지방자치단체와 지역 주민 사이의 의견이 엇갈리고 있기 때문이다. 공공 부문의 갈등 요인은 다양하나 경제적 요인, 사회적 요인, 정치적 요인, 심리·문화적 요인, 행정적·제도적 요인으로 구분하기도 한다. 특히 혐오시설의 경우 이 같은 갈등이 첨예하게 드러난다(황기연 외, 2005).

〈표 1.1〉 국책사업과 사회갈등 유형

구 분	새만금 간척농지 개발사업	경부고속전철공사 천성산 구간 사업	다목적댐 건설사업 : 영월댐
기 간	1991~2006	1990~2006	1990~2000
갈등주체	정부 vs. 지역주민, 환경단체, 종교계	정부 vs. 종교계, 지역주민, 환경단체	정부 vs. 지역주민, 환경단체
갈등원인	–계획단계 환경성 고려 미흡 –주민의견수렴 미흡 –사회적 합의 미숙	–자연환경 피해 대처미흡 –주민의견수렴 미흡 –사회적 합의 부족	–자연환경 및 경관 피해 대처 미흡 –주민의견수렴 미흡
정부의 갈등관리	민관공동조사단 조사 활용	민관 환경영향공동조사단 구성 및 활용	민간공동조사단 구성 및 활용
처리결과	대법원에서 공사재개 판결	대법원에서 공사중지 가처분 소송 기각	대통령이 댐건설 계획 취소

1) 예비타당성조사는 '경제적' 측면과 '정책적' 측면으로 구분해 조사하는데, 경제성 분석은 '편익비용분석(Benefit-Cost Analysis)에 의해 장래에 발생될 편익과 비용을 현재 가치로 환산하여 나눈 비율로 1 이상이면 경제적 타당성이 있다고 판단한다. 정책적 분석은 '지역낙후도', '사업의 시급성' 등의 항목을 '분석적 계층화기법'(Analytical Hierarchy Process:AHP)에 의해 분석 요소간 상대적 중요도를 수치화하여 평가하여 0.5 이상이면 사업의 시행이 바람직한 것으로 판단한다. 1999년 이 제도 도입 이후 2002년까지 총 120건의 사업(약 22조원)에 대해 이 조사를 실시한 바 있다(기획예산처 예산관리국 보도자료, 2003년 9월 9일)

우리나라의 국책사업 시행에 따른 환경갈등의 원인은 바라보는 입장에 따라 차이가 있는데 첫째, 개발로 인한 환경파괴에 대한 위기의식 둘째, 개발주체 대 보전주체의 대립 셋째, 사전협의와 조정기제의 미약 넷째, 갈등의 사회적 증폭 다섯째, 후진적 국가시스템에 의한 갈등의 확대와 같은 측면에서 해석하는 학자도 있다(조명래, 2003).

1.1 새만금 간척농지 개발사업

새만금 간척농지 개발사업은 1991년 시작된 국책사업으로 전라북도 군산시와 부안군을 연결하는 방조제 33㎞를 축조하여 토지조성 28,300ha(8,500만평)과 담수호 11,800ha(3,600만평) 등 총 40,100ha(1억 2,100만평)를 개발하는 사업이다. 총 개발면적인 40,100ha는 서울시 면적의 2/3, 전라북도 전체의 1/20, 부안군의 약 4/5에 해당하는 면적으로 대략 1개 군의 면적에 해당한다. 사업기간은 1991년부터 2011년까지 총 21년이며, 방조제 건설과 같은 외곽시설 조성에 16년(1991~2006년), 간척지 내부개발에 5년(2007~2011년 전망)이 소요될 예정이다.

새만금 사업은 1991년 사업 개시 이래 환경성과 경제성에 대한 찬반 논란이 계속되고 몇 차례의 중단이 있었으나, 2006년 3월 16일 대법원이 환경단체와 전북 주민 등이 "새만금사업 계획을 취소해 달라"며 농림부와 전라북도를 상대로 낸 정부조치계획취소등소송 상고심에서 원고 패소 판결을 내린 원심을 확정함으로써 간척농지 개발사업의 재개가 확정되었다.

새만금 사업은 농림부, 해양수산부, 환경부가 관련되어 있고, 방조

〈표 1.2〉 새만금사업 개요

구 분	주요 내용
사업구역	2시 1군(전북 군산시, 김제시, 부안군) • 군산 : 비응도, 내초, 옥구, 옥서, 회현, 대야, 옥도(7개) • 김제 : 광활, 죽산, 만경, 청하, 성덕, 부량, 진봉(7개) • 부안 : 계화, 동진, 하서, 변산(4개)
개발면적	개발면적총 면적 : 40,100ha(토지조성 : 28,300ha, 담수호 : 11,800ha)
사업기간	1991~2011(21년) • 외곽시설 : 15년(1991~2006년 완공) • 내부개발 : 5년(2007~2011년 예정)
주요시설	방조제 4조 33㎞ • 제1호방조제(4.7㎞) : 1998. 12월 준공 • 제2호방조제(9.9㎞) : 물막이된 7.2㎞ 단면 보강공사 • 제3호방조제(2.7㎞) : 1994. 7월 물막이 완료 • 제4호방조제(11.4㎞) : 2003. 6월 물막이 완료 배수갑문 2개소 656m • 가력 배수갑문 : 기전공정 준공, 마무리 공사 • 신시 배수갑문 : 기초 및 구체 콘크리트, 권양기/통선문 제작
사업비	총 합계 : 3조 3,666억원 • 방조제 및 배수갑문 공사 : 2조514억원 • 내부개발(토지 및 담수호 조성) : 1조3,152억원
시행체계	사업주체 : 농림부, 보상업무 : 전라북도, 공사집행 : 농업기반공사
예상효과	토지 및 수자원 확보, 배수불량농지 개선, 해일피해 방지, 육운거리 단축, 종합생태관광권 형성, 고용창출 효과 등

제가 위치한 전라북도역시 중요한 이해당사자이다. 사업 주체는 농림부이나, 어업 보상 업무는 전라북도, 공사 집행은 농업기반공사가 각각 담당하고 있다. 새만금 사업은 2001년 5월 25일 정부가 발표한

“친환경적 순차개발”이라는 방침에 따라 진행되고 있으며, 민관공동의 ‘새만금환경대책위원회’ 등을 구성하여 새만금 사업이 친환경적으로 추진되고 있는지를 정기적으로 점검 · 자문 · 평가하고 있다. 새만금 사업의 추진부처인 농림부와 사업시행자인 농업기반공사는 새만금사업으로 인하여 생성되는 광활한 토지자원을 친환경적으로 이용할 계획을 갖고 있다. 새만금 사업으로 인한 효과는 토지 및 수자원 확보, 배수 불량 농지 개선, 해일 피해 방지, 육운거리 단축, 종합생태 관광권 형성, 고용창출 효과 등이다.

새만금 사업비는 방조제 건설 및 배수갑문 공사로 2조 514억원, 토지 및 담수호 조성과 같은 내부개발에 1조 3,152억원이 투입되는 등 총 사업비는 3조 3,666억원에 달한다. 방조제 끝막이 공사는 사업을 시작한 지 15년만인 2006년 4월 21일 완공되었다.

2006년 3월 대법원 판결로 새만금 사업의 재개가 확정되기까지 중앙정부, 지방자치단체, 환경단체, 지역주민 등이 서로 얽히고설킨 논란과 갈등이 있었다. 새만금 사업계획의 추진 과정과 사회적 갈등을 살펴본다.

새만금 사업의 구상과 타당성 조사는 1975년~1987년에 실시되었고, 구체적인 사업으로 발표된 것은 1987년 12월 13대 대선 공약사업으로 발표된 것이 계기이다. 1986년부터 1991년 기간 동안 환경영향평가가 실시되었고 환경처(현 환경부)와 협의를 거쳐 1991년 1월에 기본계획이 확정되었다. 같은 해 7월 23일 추경예산에 200억원이 확보됨으로써 국책사업으로 추진되었다. 1991년 8월 13일 농림수산부(현 농림부)가 사업 시행주체가 되어 전라북도에게 사업관리, 보상업무, 지역개발 등의 업무를 위임하고 농어촌진흥공사(현 한국농촌공사)에 공사 시행, 측량 설계, 공사 감리 등을 위탁함으로써 사업의 시행이 구체화되었다.

1991년 8월 19일에는 농림수산부 고시 제91-23호로 매립면적 40,100ha(토지개발 28,300ha, 담수호 11,800ha), 방조제 33㎞, 배수갑문 2개소, 관개배수를 위한 양 · 배수장 13개소, 총 사업비 1조3,000억원을 투입하는 것으로 하여 당해 18개 시, 읍, 면, 동에 게시하고 338명의 열람을 거쳤으나 당시 이의신청은 1건도 제출되지 않은 것으로 기록되고 있다. 1991년 11월 16일에 새만금 사업의 사업시행 인가가 고시되고, 같은 해 11월 28일 당시 대통령인 노태우 씨가 참관하는 가운데 새만금 간척공사(제1호 방조제 공사)의 기공식이 개최되고, 1992년 6월 10일부터 제2, 3, 4호 방조제 공사가 착공되었으며, 1994년 7월 25일에는 제1, 3호 방조제의 사석제 끝막이 공사가 완공되었다.

그러나 1996년 시화호 오염이 사회적으로 문제가 되면서 환경단체 등이 새만금호의 수질문제를 제기했고, 이에 대해 정부는 사업을 일시 중지하고 환경문제에 대한 중간 점검과 필요한 추가 대책 등을 마련한다. 그 실행 방안으로 정부와 환경단체의 추천을 받아 경제, 해양, 생태, 수질, 국토계획, 기상 등 관련 분야의 민간 전문가 21명, 정부관계기관 관계자 9명 등 총 30명으로 민관공동조사단을 구성하여 1999년 5월부터 2000년 6월까지 새만금 사업의 환경영향, 수질보전 및 경제성 등을 조사하여 2000년 8월 18일에 조사결과를 국무총리실에 제출하였다. 국무총리 국무조정실에서는 2000년 8월부터 2001년 3월까지 민관공동조사 결과 등을 토대로 농림부, 환경부, 해양수산부, 전라북도 등의 관계부처에서 수질대책 등에 관한 세부실천방안을

〈표 1.3〉 새만금사업 주요 추진경과

연도	주요내용
1975년~1987년	새만금 사업예정지 및 서남해안 간척적지 자원조사 사업구상
1986년~1988년	경제적 타당성 분석(한국산업경제연구원)
1986년~1991년	환경영향평가 실시 및 협의(구 환경처)
1991년11월28일	새만금 간척공사 기공(제1호 방조제 공사 개시)
1994년 7월25일	제1, 3호 방조제 끝막이 완공
1998년12월30일	제1호 방조제(4.7㎞) 공사 준공
1999년 5월 ~2000년 6월	민관공동조사 실시 2000년 8월 18일 민관공동조사 종합보고서 총리실 제출
2000년 8월 ~2001년 3월	민관공동조사 결과 등을 토대로 관계부처에서 수질 대책 등 세부실천방안 마련
2001년 5월25일	국무총리 주재 물관리정책조정위원회 심의를 거쳐 정부의 친환경적 순차개발방안 확정
2001년 8월 6일	정부방침에 대한 후속 세부실천계획 수립(관계부처 합동)
2001년 8월22일	일부 주민과 시민단체 등 3,538명이 농림부장관과 국무총리를 상대로 '공유수면 매립면허 및 새만금사업 시행 인가 처분취소' 청구소송을 서울행정법원에 제기
2003년 6월12일	최열 외 2명이 국무총리와 농림부장관을 상대로 새만금 방조제 공사 집행정지를 서울행정법원에 제기
2003년 7월17일	방조제 공사 중지 명령(서울행정법원)
2004년 1월29일	새만금 방조제 공사 재개(서울고등법원)
2005년 1월 17일	조정권고안 제시(서울행정법원)
2005년 2월 4일	1심 판결 (서울행정법원 행정3부)
2005년 2월 21일	정부측 항소장 제출
2005년 7월 4일	항소심 첫 공판(서울고등법원 특수4부) 2006년방조제 공사 완료
2011년	내부개발 완료

마련하고, 2001년 5월 25일에 국무총리 주재 물관리정책조정위원회 심의를 거쳐 친환경적인 순차개발 방안을 정부의 최종 방침으로 확정하여 발표하였다.

친환경적 순차개발 방안은 2006년까지 방조제 공사를 완공한 다음 수질이 양호한 동진수역을 먼저 개발하고 만경수역은 수질 기준이 확보된 후 추진하는 것을 기본 골격으로 하고 있다. 이와 같이 정부가 친환경적 순차개발 방안을 확정함에 따라 2001년 8월 이에 대한 후속세부실천계획을 관계 부처가 합동해 수립한 바 있다.

한편 새만금 사업을 반대하는 일부 주민과 시민단체 등 3,538명은 2001년 8월 22일에 농림부장관과 국무총리를 상대로 '공유수면 매립면허 및 새만금사업 시행인가 처분취소' 청구소송을 서울행정법원에 제기하였다. 또한 2003년 6월 12일에는 환경운동가인 최열 외 2명이 진행중인 행정소송에서 선고판결의 승소 개연성이 있으므로 판결 전까지 방조제의 전진공사 중단 필요성을 주장하면서 국무총리와 농림부장관을 상대로 새만금 방조제 공사의 집행정지를 서울행정법원에 제기했었다.

시민단체 등이 2001년 8월 22일에 농림부장관과 국무총리를 상대로 제기한 '공유수면 매립면허 및 새만금사업 시행인가 처분취소' 청구소송의 경우는 서울행정법원이 2005년 1월 17일 "새만금 간척지의 용도를 결정하고 개발 범위를 검토할 위원회를 국회나 대통령 산하에 설치하라"는 내용의 조정권고안을 냈었다. 재판부는 조정문에서 "위원회 구성은 환경단체와 정부부처(농림부 환경부 해양수산부 등) 전라북도가 각각 추천한 위원으로 한다"는 의견과 "방조제는 위원회에서 논의가 끝날 때까지는 막지 않는다"는 공사의 잠정 중단도 주문했다. 이에 대해 환경단체측은 조정권고안의 수용의사를 밝혔으나 정부측은 "새만금 특별위원회와 새만금환경대책위원회 등 각종 위원회가 사업의 타당성을 검토해 평가하고 있는데, 재판부가 진행 또는 중단의 결정을 내리지 않은 채 또 위원회를 만들라고 하는 것은 논의를 과거로 회귀시키는 것"이라며 조정권고안의 수용을 거부했다. 따라서 조정권고안은 채택되지 못하고 재판부의 1심 판결로 이어지게 되었다.

1심 판결(2005년 2월 4일)에서는 "농림부 장관은 공유수면 매립면허 및 사업시행 인가처분을 취소하거나 변경해야 한다"는 취지로 원고 일부승소 판결을 했다. 그러나 재판부는 아직 완공되지 않은 방조제 2.7㎞의 물막이공사 집행중지 결정을 따로 내리지는 않았다. 최열 외 2명이 2003년 6월에 제기한 행정소송의 경우에서는 서울행정법원은 새만금호 수질대책이 농업용수 기준인 4급수 유지가 어렵고 만약 유지되기 위해서는 막대한 비용이 소요되는 등 본안 승소 개연성을 인정하여 2003년 7월 17일에 방조제 공사 중지를 결정한 바 있다. 그러나 서울고법은 새만금 공사에 대해 집행정지 결정을 내린 1심법원(서울행정법원)의 결정은 부당하며 새만금 공사를 중지할 경우 공공이익에 중대한 손해를 끼칠 수 있음을 이유로 새만금 공사 집행정지 결정에 대한 항고심에서 1심 결정을 취소하고 농림부측 항고를 받아들였다.

새만금 사업은 2006년 3월까지 제2호 방조제의 개방구간에 대한 끝물막이 공사를 마침으로써 2006년 12월까지 도로포장 등 방조제에 대한 마무리 공사가 이루어질 예정이다. 외곽방조제 공사가 완료되고 나면 2011년까지 내부간척토지에 대한 개발이 시행될 예정이다.

1.2 경부고속전철공사 천성산 구간 터널사업

경부고속전철 천성산 구간 터널사업을 둘러싼 갈등은 1990년 6월 확정된 경부고속철도 노선이 천성산 구간에 건설될 원효터널 공사로 자연환경이 파괴될 것을 우려한 2개 사찰(내원사, 미타암)과 환경보전단체인 '도롱뇽의 친구들'이 고속철도 건설사업 시행자인 한국철도시설공단을 상대로 원효터널의 공사를 금지하도록 요청한 데에서 비롯되었다.

〈표 1.4〉 천성산 도롱뇽 소송 사건 일지

연도 및 날짜	주요내용
1974년	경부고속철도 신설 필요성 제기
1990년 6월	천성산 관통 고속철도 노선 확정
1994년 11월	환경영향평가 및 협의
2002년 2월	천성산 화엄늪 습지보호지역 지정
12월	노무현 대통령후보, 천성산 터널 백지화 등 공약
2003년 3월	노무현 대통령 지시로 공사 중단하고 대안노선 검토 추진
10월	천성사, 내원사와 도롱뇽 단체 부산지법에 공사착공 금지 가처분 신청
12월	천성산 구간 공사 착공
2004년 4월	관할 울산지법 가처분 신청 각하 및 기각
6월 30일~8월26일	지율 승려 청와대 앞 단식 농성
8월 25일	정부, 항고심 판결 때까지 공사 중단 약속
10월 19일	환경부, "천성산 터널 습지 영향 없다" 독자 검토 결과 발표
11월 29일	부산고법, 가처분 신청 신고 항고심 각가 및 기각
12월 22일	도롱뇽 · 내원사 등 대법원에 재항고장 제출
2006년 1월 5일	지율 승려 100여일째 단식 후 동국대 병원 입원
2월 28일	공동조사 결과 발표, 사업자 · 환경단체 이견 노출
3월 14일	공동조사 보고서 대법원에 제출

천성산 터널은 2002년 6월 시공업체를 선정했으나 불교 사찰과 환경단체의 반발에 밀려 2003년 9월에야 공사를 시작했다가 다시 중단되었다. 당초 완공 시기는 2010년 말이지만 지율 승려가 여러 차례 단식 투쟁을 해 지연된 바 있다. 특히 천성산 환경갈등은 도롱뇽을 소송의 신청인으로 내세워 사회적 관심을 끌었다. 이 갈등은 2006년 6월 2일 대법원이 신청인측의 재항고를 기각하는 결정을 고지함으로써 공사가 재개되었는데, 대법원이 이렇게 결정한 사유는 크게 세 가지이다.

첫째, 신청인 도롱뇽은 자연물(양서류)로서 재판을 청구할 법률적인 주체로 인정할 수 없다는 점이며 둘째, 터널의 공사로 지하수 유출, 터널 붕괴, 부근 습지(무제치늪, 화엄늪) 고갈 등 환경침해가 발생할 가능성이 제대로 증명되지 않았고 셋째, 터널 공사가 중단되면 경부고속철도 완전 개통이 미루어지고 그 결과 막대한 공공의 이익이 침해되기 때문이라는 점이다.

대법원에서 판단한 법률적인 쟁점은 크게 세 가지였다.

첫째, 신청인인 도롱뇽의 당사자 능력에 관한 것이며 둘째, 헌법조항과 개인의 공사중지청구권의 관계이고 셋째, 개인의 환경 이익 침해와 공사중지 청구권의 관련성이다.

첫 번째 문제에 대해 대법원은 도롱뇽은 천성산 일원에 서식하고 있는 양서류로서 자연물이므로 자연물인 도롱뇽의 소송 당사자 능력을 인정할 수 없다고 판시했다. 두 번째 헌법조항과 개인의 공사중지 청구권에 대해서는 "모든 국민은 건강하고 쾌적한 환경에서 생활할 권리를 가지며, 국가와 국민은 환경보전을 위하여 노력하여야 한다"는 환경권이 헌법상의 기본권으로 명시되어 있으나 개인이 헌법상의 기본권을 근거로 직접 다른 개인에게 공사 중지를 청구할 권리는 없다고 판시한 것이다. 세 번째 개인의 환경 이익 침해와 공사중지 청구권의 관련성에 대해서 대법원은 사업자가 환경영향평가 후 예측하지 못한 새로운 환경영향이 나타날 경우 예방 조처를 하여야 하는데 환경영향평가에 준하는 조사가 이루어지고 적절한 방법이 보완되었다면 더 이상 사업시행의 중지를 요청할 수 없다는 판결을 내렸다.

즉 지율 승려 등이 제기한 단층, 지하수 등으로 인한 안전성의 위협 염려 및 천성산 일원의 습지들과 자연환경 보호 등이고 이에 관하여 최초의 환경영향평가서에 반영되지 않았던 새로운 사정들이 발견된 것은 사실이나, 사업자가 환경피해 우려를 해소하기 위하여 대한지질공학회 등에 의뢰하여 자연변화 정밀조사를 실시하였고, 그 조사결과 및 환경부의 의뢰에 이루어진 한국환경정책평가연구원 등의 검토의견에 의하면 터널 공사가 천성산의 환경에 별다른 영향을 미치지 않는 것으로 조사되었다는 점을 중요하게 생각했다. 아울러 사업자가 대안설계 단계에서 환경단체 등이 문제를 제기한 단층대 등의 지질적 특성을 파악하여 설계 및 공법에 반영하였다는 것을 강조했다. 따라서 대법원은 환경단체 등이 제기한 터널 공사로 인한 환경피해의 개연성이 낮다고 본 것이다.

천성산 구간 터널공사를 둘러싼 환경갈등에 대한 대법원의 판결은 대규모 국책사업에 대해 자연환경을 보호하여 국민들의 건강하고 쾌적한 삶을 보장하고 후손에게 물려줄 수 있도록 적극적인 조치를 취하여야 할 책무를 부과하였다. 그러나 불교계와 환경단체 등의 문제제기를 수용하여 2002년 6월 자연변화 정밀조사를 하였고 그 결과에 대하여 관련 전문가들로부터 적정하다는 의견을 받아낸 점과 함께 환경단체 등이 제기한 문제점을 대안설계 과정을 통해 보완할 수 있도록 설계 및 공법에 반영한 점 등을 고려하여 터널공사구간 부근 소유자들의 환경이익이 침해될 우려가 있다고 보기는 어렵다고 판시하였다.

대법원의 이런 결정은 고속철도의 후속공사 뿐 아니라 향후 또 다른 대규모 국책사업에 있어서 건설과 환경이익의 균형적 판단에 대한 선례가 될 수 있을 것으로 보인다.

〈표 1.5〉 천성산 구간 터널공사 소송에 대한 대법원의 판결 내용

쟁 점	신청인 주장	재판부 판단
도롱뇽이 소송 당사자 여부	외국 사례에 비춰 당사가 가능	• 도롱뇽은 자연물 또는 자연 자체로서 소송을 수행할 능력이 없음
개인이 헌법상 기본권을 근거로 공사중지 청구 가능 여부	개인의 직접 청구 가능	• 현재 통설 · 판례에 따라 개인은 헌법상 권리 근거로 직접 공사 중지 청구 못함
터널공사의 환경이익 침해 여부	지하수 유출, 터널 붕괴, 늪지 고갈 등 환경 침해 유발	• 지질학회 · 한국환경정책평가연구원 조사 결과 터널공사는 천성산 환경에 부정적 영향을 미치지 않음 • 단층대 안전성 등 문제 제기된 지질 특성은 대안 설계에 이미 반영되어 있음

자료 : 세계일보, 2006년 6월 2일자.

1.3 다목적댐 건설사업 : 영월댐

다목적 댐[2)]은 용수 공급과 전력 생산, 홍수 조절 기능이 있는 공공 구조물로 사업 규모면에서 예비타당성조사와 환경영향평가와 같은

법적 평가 절차를 이행해야 하는 공공사업이다. 2002년 현재 한국의 댐은 총 1,213개이며 이 가운데 다목적 댐은 14개로, 신규 댐은 '하천법' (제10조)에 근거를 둔 법정계획인 '수자원장기종합계획' 과 '댐건설및주변지역지원등에관한법률' 에 근거한 법정계획인 '댐건설장기계획' 에 의해 수계별로 건설 계획이 수립되고 있다.

한국의 다목적댐 개발시기는 '특정다목적댐법' (1966년)이 제정되고 '한국수자원개발공사' (1967년)가 창립된 1960년대부터이나, 남강댐(1970년), 소양댐(1973년), 안동댐(1977년), 대청댐(1981년), 충주댐(1986년), 합천댐(1989년), 임하댐(1993년) 등 다목적 기능을 수행하기 위한 다목적댐이 건설된 시기는 1970년대 이후부터이다.

1970년대 활발히 추진되던 다목적댐 건설사업은 1981년 환경영향평가제도의 시행[3]과 1988년 지방자치제의 실시로 인한 사회 여건의 변화, 1990년 평가서 초안에 대한 주민의 의견을 반영한 최종보고서의 작성을 의무화[4]한 이후 지역주민 및 지방자치단체, 환경단체 등의 반대에 부딪혀 사업 시행에 어려움을 겪게 된다.

1990년대 들어서도 국지적인 물 부족의 발생과 수질오염의 심화로 취수 용량 확보, 하천 상하류간 비용 분담, 갈수시 물 분배 우선순위 확보 등 수자원을 확보하기 위한 각종 갈등이 계속되고 있다(윤용남, 2003). 그러나 한국은 '1인당 재생가능한 수자원' 이 1,471m^3/년으로 '물부족 국가군' 에 속하며[5], 갈수기의 만성적인 수량 부족과 홍수 피

2) 댐(dam)이란 "하천의 흐름을 막아 그 저수를 생활 및 공업의 용수, 농업의 용수, 발전, 홍수 조절 기타의 용도로 이용하기 위한 높이 15m 이상의 공작물"을 말함(댐건설 및 주변지역지원 등에 관한 법률, 제2조).

3) 한국의 경우 1977년에 제정된 환경보전법 제5조에 '사전협의' 라는 표제로 환경영향평가제도의 근거를 마련한 바 있으나, 이 제도가 본격적으로 시행된 시기는 '환경영향평가서 작성등에 관한 규정' 이 제정 · 고시된 1981년부터이다.

4) 환경영향평가에 주민의견이 반영이 되기 시작한 시기는 환경보전법에 근거를 둔 환경영향평가제도가 환경정책기본법으로 이관된 1990년으로 평가서 초안에 대한 주민의 의견을 반영한 최종보고서의 작성을 의무화한 바 있다.

해 방지를 위해 댐 건설 이외의 뚜렷한 대안이 부족하다는 점에서 댐 건설의 필요성이 제기되고 있다(박석순, 2002).

그러나 댐 건설이 가져오는 사회경제적 피해와 지역사회에 미치는 부정적 영향, 그리고 댐 건설의 기초자료가 되는 물 부족 산정 기준에 대한 문제점 때문에 댐 건설 계획을 최소화하거나 전면 재검토해야 한다는 주장도 제기되고 있다.[6]

2000년 대통령의 선언에 의해 건설계획이 유보된 강원도 영월댐의 경우 환경영향평가라는 법적 협의 절차보다는 집단 민원에 의해, 그리고 기술공학적 요인보다는 사회경제적 요인에 의해 댐 건설계획이 결정된 사례로서 댐 건설사업에 있어서 사회경제적 요인의 중요성을 보여준 사례이다.

한 연구자는 영월댐 추진과정과 민간환경단체의 대응을 시간적 흐름에 따라 크게 3단계로 구분하기도 한다(조익준, 2001).

- 문제의 발단 단계(1990년 12월~1997년 9월)
- 조직화 및 대립의 심화단계(1997년 10월~1999년 8월)
- 국면의 전환단계(2000년 5월 8일~2000년 6월 2일)

'문제의 발단 단계' 에서는 댐 개발을 추진하는 건설교통부나 한국

---

5) 물부족 평가 방법은 '물사용 강도', '물수지 분석', '물빈곤' 에 의한 평가가 있는데 '재생가능한 수자원(renewable water resources)' 은 물부족 평가 지표의 하나이다. 세계자원연구소가 전세계 148개국을 '물기근 국가군, '물부족 국가군', '물풍요 국가군' 으로 구분한 기준에 따르면 한국은 '1인당 재생 가능한 수자원' 이 1,000m^3~1,700m^3/년 범위에 속해 '물부족 국가군' 에 포함된다(김승, 2003, 한국의 물부족 평가-UN이 언급한 '한국은 물보족 국가' 의 의미, 춘천 물포럼 2003논문집, 춘천 물포럼 2003 조직위원회).

6) 댐 건설로 인한 사회경제적 피해는 '춘천 물포럼 2003' 에서 발표된 '댐 건설이 지역사회에 미치는 영향(김성현 20030' 과 '댐 건설의 문제점과 바람직한 수자원 개발을 위한 제언(최형지 2003)' 과 최승업(2001)의 논저를, 물 부족 산정 기준에 대한 문제점은 '수도권 물 부족 여부 평가와 대책(최석범 2003)' 을 참조하시오.

〈표 1.6〉 영월댐 추진 배경과 정부의 조정 결과

구분	주요 내용
추진 배경	• 1990년 9월 한강 대홍수로 막대한 홍수 피해가 발생함에 따라 홍수조절용 댐 건설을 결정(1990.10.16 대통령 방침)하고 제3차 국토종합개발계획에 반영 • 타당성조사, 주민설명회, 공청회 등의 절차를 걸쳐 1997년 9월 영월댐 건설예정지 지정 · 고시
쟁점 사항	• 환경단체 – 예정지가 석회암 지대로 안전에 대한 우려가 있음 – 예정지에 천연기념물 및 희귀종 다수 자생 – 천혜의 비경을 갖추고 있어 댐 건설시 아름다움 소멸 • 시행주체(건설교통부 등) – 물 수요관리를 통해서도 수자원의 절대량 부족 – 생태계 파괴 최소화 대책 통해 사업 추진 가능 – 댐 상류에 환경기초시설 설치할 경우 수질문제 해결 가능
조정 경과	• 물관리정책민간위원회 건의(1999.6.1)에 따라 국무총리실 주관으로 재조사 실시 • 환경단체와 정부기관 전문가 추천을 받아 '영월댐 건설 타당성 종합검토를 위한 공동조사단' 발족(1999.8.26) • 조사단의 8개월간 조사 완료 후 2000.5.19 조사결과를 국무총리실에 제출 • 조사단은 동강 유역의 문화 유산과 독특한 석회암 생태계는 보존가치가 탁월하므로 영월 다목적댐의 건설 중단이 바람직하다는 내용의 보고서 제출
조정 결과	• 정부는 민간공동조사단의 조사보고서를 토대로 '물관리정책조정위원회(위원장 국무총리)'를 개최하여 영월댐 건설 추진 백지화를 결정

자료 : 국무총리 수질개선 기획단, 2003, 물관리백서를 토대로 정리한 것임.

수자원공사, 주민, 민간환경단체 사이에 별다른 대립이나 갈등은 없었으나, 민간환경단체의 문제 제기로 관심이 증폭되게 된다(조익준, 2001). '조직화 및 대립의 심화단계' 는 주민과 민간환경단체 등이 조

〈그림 1.1〉 댐건설사업 업무흐름도

유역조사(수공)	유역의 부존특성, 개발가능성 조사
수자원장기종합계획수립(건교부)	하천법 제11조 : 수자원의 개발.공급관리의 장기 종합정책방향제시(국토종합개발계획과 연계, 댐건설장기계획 포함)
예비타당성조사(기획예산처)	기획예산처장관 행정고시(총사업비 관리 지침) : 국가경제등 거시적 차원의 사업필요성 검토
타당성조사(수공)	건기법시행령 제38조의5(단위사업의 경제,사회,기술적 타당성 검토)
기본설계(수공)	건기법시행령 제38조의6(기본계획의 제반조건을 토대로 사전조사.계획, 방침, 개략시공법, 사업비등 기본내용을 설계도서에 표기
환경영향평가(수공)	환경영향평가법 제8조
환경부 협의(수공.건교부)	기본계획 공고전까지
중앙건설기술심의위원회심의(수공)	건설기술관리법 제21조
댐건설예정지 지정 및 고시(건교부)	댐법 제5조(댐건설예정지역 지정 및 시 · 군 · 구청장 허가사항 : 건축물기타 공작물의 신축.개축.증축, 토지의 형질변경, 다년생 수목의 식재 또는 이식
기본계획 수립 및 공고(건교부)	댐법제7조(저수량의 용도별 배분, 댐 사용권의 설정예정자, 건설 비용 및 부담사항, 지역정비사업등). 토지수용법상 사업인정시점
실시설계(수공)	건기법시행령 제38조의6
실시계획 승인요청(수공)	수공법 제10조
실시계획수립 및 공고(건교부)	댐법 제8조(공공시설물 설치계획, 댐수탁관리예정자, 용수배분 계획, 18개법 의제)
건설(수공, 지자체)	공사 : 국가계약법 제6조, 정부투자기관회계규칙 제13조 보상 : 공공용지의 취득 및 손실보상에 관한 특례법 제4조
준공허가 신청(수공)	댐법 제12조, 수공법 제4조
준공허가 및 공고(건교부)	댐법 제12조, 수공법 제11조
댐사용권 설정의 신청(수공)	댐법 제24조
댐사용권설정 (건교부)	댐법 제24조
댐관리(수공)	댐법제15조, 17조, 43조, 수공법 제9조, 시안법 제6조 (댐의 이치수관리, 댐주변지역지원, 시설물 유지 점검)

직 결성과 연대를 통해 사업시행자인 건설교통부와 한국수자원공사와 대립하며 갈등이 심화되는 단계를 말한다. 댐 건설 반대 집회와 정책 토론회 등이 이 기간에 집중적으로 이뤄졌다. 이에 대응해 건설교통부역시 댐 건설의 강행을 주장하는 등 서로 큰 대립 양상을 보였다. '국면의 전환단계'는 공동조사단이 2000년 5월 8일 영월댐 건설 백지화를 결정함에 따라 대립 양상을 보였던 영월댐 건설사업이 일단락된 시기를 말한다.

댐 건설사업은 계획의 입안에서 사업의 시행에 이르기까지 많은 시간과 비용이 소요되는 공공사업으로서 의사결정 과정에서의 시행착오는 막대한 국가 재원의 낭비와 사회적 갈등이 유발된다.

1981년부터 국내에서 시행되어온 환경영향평가제도의 운영 지침이라고 할 수 있는 '환경영향평가서작성등에관한규정'(환경부고시 제2001-7호)에 의한 '자연환경', '생활환경', '사회경제환경' 3개 분야 중 사회경제환경은 평가서 작성 규정의 미흡과 평가 방법론의 미비로 효율적인 운영을 하지 못했다. 실제로 19개 대형 국책사업의 환경영향평가서를 대상으로 사회경제환경 7개 항목에 대한 분석을 한 결과, 대부분의 평가서가 사회경제 항목에 대한 작성 규정을 무시하거나 현황만을 간략히 기술하는 것으로 나타난 바 있다(이상돈, 이정환, 정양이, 2003).

이 저술에서 다루는 사회영향평가(Social Impact Assessment; SIA)는 정부의 정책 행위나 대규모의 개발사업이 사회에 미치는 영향을 사전에 예측하거나 평가하는 행위이다. 이미 국제적으로 큰 댐 건설사업으로 인한 이주민의 발생과 같은 사회경제적 악영향에 대해서 국가간 사례 연구를 시행된 바 있다. 잠비아–짐바브웨, 터키, 태국, 파키스탄, 브라질, 노르웨이, 미국 등에서 이루어진 대형댐 건설사업과 이로 인한 환경영향을 분석한 사례 조사보고서가 좋은 예이다(WCD. 2000). 그러나 한국에서는 사회영향평가 관련 연구가 초기 단계로써, 환경영향평가에 활용할 수 있는 평가서 작성 지침과 방법론 개발이 미흡한 편이다.

사회영향평가와 관련된 국내의 선행 연구로 남영숙 등(1998)이 환경영향평가 항목 중에서 사회경제평가 항목의 문제점을 지적하고 이의 개선방안을 제안한 바 있고, 한상욱 등(2000)은 기존의 환경영향평가의 문제점을 개선하기 위한 방법으로 통합 환경관리 기술과 사전오염 예방기술이 필요하다는 점을 지적하며 이것의 대안으로 전략환경평가(Strategic Environmental Assessment :SEA), 누적영향평가(Cumulative Impacts Assessment: CIA), 통합영향평가(Integrated Impact Assessment: IIA), 사이버영향평가(Cyber Environmental Impact Assessment: CEIA)와 함께 사회영향평가를 제안한 바 있다. 정용(2001)은 지속성(sustainability)을 실현하기 위한 방안의 하나로써 사회영향평가의 필요성을 제기하였다.

댐 건설이 지역사회에 미치는 영향과 관련된 연구로 이찬재(1984)는 충주댐을 대상으로 경제사회적 특성을 분석한 바 있고, 김성현(1997)은 댐 건설이 지역에 미치는 경제 · 사회적 영향을 비판적 관점에서 조사한 바 있다. 황석만(1999)은 인제군 내린천 댐 건설 반대 주민운동의 특성을 분석한 바 있으며, 이영진(2000)은 댐 건설로 인한 수몰지역 이주민의 적응 실태를 조사한 바 있다. 아울러 홍성만(2001)은 영월댐을 대상으로 정부와 비정부조직(NGOs)의 수자원 개발 정책의 경쟁 과정을 분석하였다. 김광호(2001)는 다목적댐을 비판적으로 분석함으로써 수자원 개발 정책 전환의 필요성을 제기한 바 있고, 최승업(2000)은 댐 건설 후 물 관리를 둘러싼 수리권 문제를 다룬 바 있다. 또한 최승업(2001)은 댐 건설이 주변지역에 미치는 환경적 피해를 경제적 가치로 계량화하여 댐 건설이 지역사회에 미치는 경제적 편익과 마이너스 비용을 목록화하였다.

댐 건설과 관련된 사회영향평가 연구는 사업의 공공적 특성과 특수성[7] 때문에 주로 학술연구 부문과 행정학, 지역사회학, 수자원공학 분야에서 다뤄지고 있는 편이다.

김광묵 등(1995)은 댐 건설에 따른 경제성 분석 기법을 연구하였으나 주로 경제적 편익 분석에 초점을 맞췄으며 사회적 측면의 분석을 시도하지는 않았다. 댐 건설과 관련된 사회영향평가 선행 연구의 기초자료로 평가할 만한 논저로 서병하(1997)가 대댐(large dams)의 사회경제적 영향과 사전 사후평가 방법을 소개한 자료를 들 수 있으나, 주로 외국 자료에 근거해 대댐 건설시 고려해야 할 사회경제적 영향의 예측 · 평가 방법론을 요약 제시하였다.

공공시설의 입지 선정 및 사회경제적 영향과 관련된 연구로 김영 등(2003)의 다기준 의사결정(Multi Criteria Decision), 양지청(2003)의 영향권 측정지수(Impact Zone Measurement Index) 적용 사례가 있으나 응급의료시설이나 도로사업 등에 적용한 예로써 댐의 특성을 반영한 연구는 아니었다.

7) 댐 건설로 인한 피해지역과 수해지역은 다른 경우가 많기 때문에 댐 건설로 인한 상하류 지역의 이해와 지방자치단체 사이의 이해가 달라 이의 조정에 어려움을 겪는 특성을 말한다.

8) 사회영향평가의 사례로 '시화 간척사업에 대한 사회영향평가(1998)', '영월댐 공동조사단의 사회영향평가(2000)', '동강 생태계 보전지역 지정을 위한 인문사회환경조사(2002)'를 들 수 있는데 이 사례들은 구조화된 방법론에 의한 것이 아니라 개발사업이 사회에 미치는 영향을 예측, 분석, 평가했다는 점에서 중요한 의미가 있다(구도완, 2002, 환경영향평가와 사회영향평가:제도 도입과 발전방안, ECO 제3호, 한국환경사회학회).

사회영향평가 방법론과 관련해 주목할 만한 성과는 2001년 환경사회학회의 창립과 관련 학자들의 연구 성과와 깊은 관련이 있는 것으로 보인다. 사회학, 문화인류학, 지리학, 정치학, 행정학 등 사회과학 전공자들에 의해 사회영향평가가 시도된 바 있고[8], 사회영향평가의 이론과 방법, 그리고 환경영향평가 제도의 보완적 차원에서 사회영향평가가 논의된 바 있기 때문이다. 국내에서의 사회영향평가에 관한 논의는 뒷장에서 다루기로 한다.

이 책에서 다루는 사회영향평가 방법 연구는 첫째, 개발사업로 인한 사회영향을 사전에 예측하여 대안 및 저감방안 수립에 활용하고 둘째, 대규모 국책사업의 입지 선정 효율화를 통해 국가 재원의 절약을 도모하는데 이용할 수 있으며 셋째, 사회적 합의의 효율적 도출 방법론으로 활용 가능하다는 측면에서 연구의 필요성이 있다고 할 수 있다.

2. 환경갈등 해결을 위한 제도 : 환경영향평가와 주민참여

환경영향평가제도란 말 그대로 각종 개발사업으로 인한 환경 영향을 사전에 예측 평가하여 환경에 미치는 악영향을 최소화하려는 제도로서, 사후 처리보다는 사전 예방에 중심을 둔 제도이다. 사람이 병을 얻고 난 다음에 치료하기 보다는 병에 걸리지 않도록 사전에 조심하는 것이 바람직하듯이 환경문제도 개발사업으로 인한 환경훼손을 사후에 복구하기 보다는 사전에 예방하는 것이 현명한 방법이다. 우리나라에서 이 제도가 본격적으로 시행되기 시작한 시기는 1981년이다.

환경영향평가 보고서는 평가서 초안과 최종 보고서로 구분되는데, 평가서 초안에는 대상사업의 시행으로 인하여 예상되는 주민의 생활환경 및 재산상의 환경오염피해 등에 관한 사항을 중점적으로 분석 · 평가한 내용이 포함된다. 평가서 초안에 제시하는 저감방안에 대하여는 가능한 모든 대안을 비교하여 장 · 단점을 객관적으로 기술하고, 최종적으로 사업 시행시 이행할 저감방안을 선정 · 제시하고 그 선정사유를 명시하도록 하고 있다. 주민의견 수렴에 관해서도 평가서 초안에 주민의 생활환경 및 재산에 미치는 환경영향에 대하여 알기 쉽게 기재하여 저감 대책의 시행 전후의 상황을 알 수 있게 하도록 하여 주민들의 의견이 반영되도록 하는 절차를 두고 있다.

〈그림 1.2〉 환경영향평가서 검토 절차

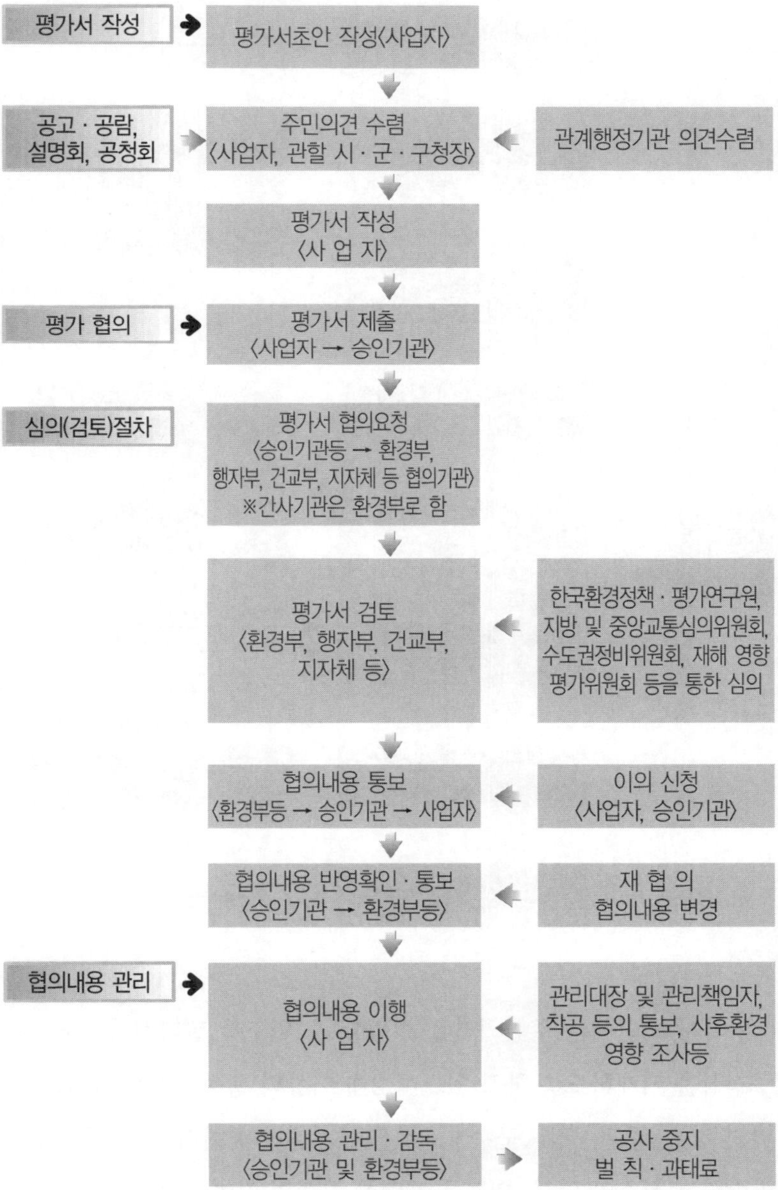

〈그림 1.3〉 환경영향평가의 주민의견수렴 절차

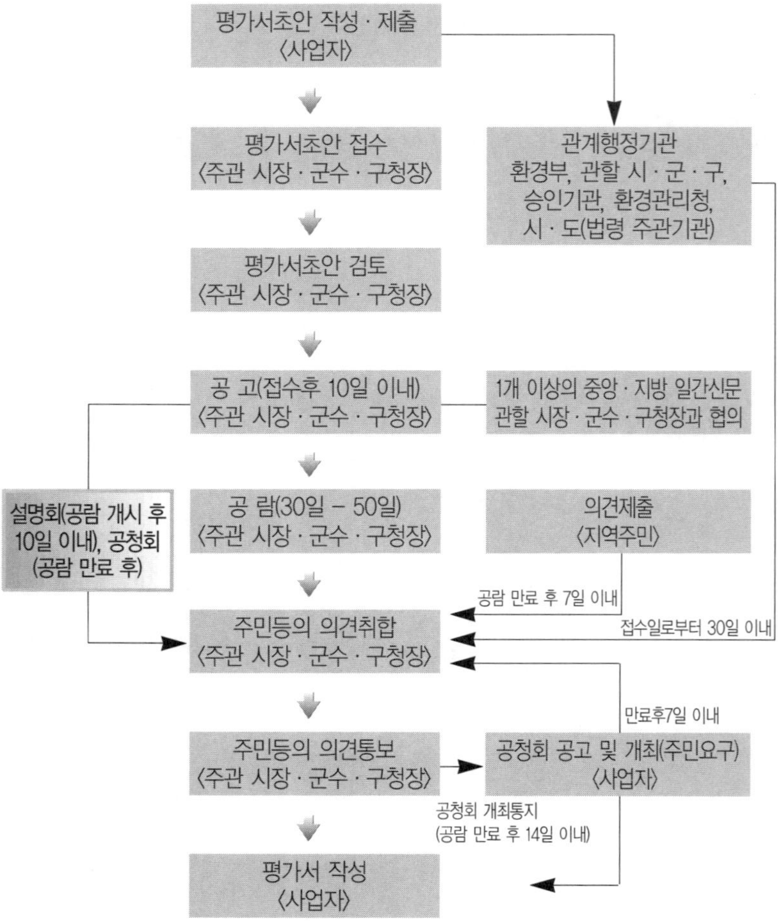

평가서 초안에는 주민의견을 수렴할 수 있도록 관할시장 · 군수 · 구청장을 기재하도록 하고 있으며 2개 이상의 행정구역에 걸치는 사업의 경우, 주관시장 · 군수 · 구청장을 기재하야 한다. 주민들에게는 공람하는 장소와 일시, 의견을 제출한 주민의 직업, 성명, 주소 및 기

관명을 알리도록 하고 있으며, 설명회나 공청회를 실시할 경우에도 마찬가지이다.

환경교통및재해영향평가법 법 제6조, 영 제6조 내지 제9조에 의한 주민의 의견수렴 절차는 〈그림 1.3〉과 같다.

주민의견을 수렴하기 위한 평가서 초안을 알리는 방법은 크게 공고, 공람, 설명회, 공청회와 같은 4가지 방법이 대표적이다.

2.1 공 고

환경영향평가를 주관하는 시장 · 군수 · 구청장은 평가서 초안이 접수되면 주민의견 수렴을 위해 접수일부터 10일 이내에 1개 이상의 지방 일간신문 및 중앙 일간신문에 각각 1회 이상 공고하도록 되어 있다. 이때 지방 일간신문은 영향평가 대상지역 내에서 매일 발행되는 신문이어야 하고, 지역주민의 구독 가능성 등을 고려하여 가능한 많이 읽히는 매체를 선정하는 것이 바람직하다. 이와 병행하여 반상회보나 생활정보지 등 주민이 쉽게 접할 수 있는 매체를 활용하는 것이 바람직하다. 지방 일간신문이 없는 경우에는 중앙 일간신문에 2회 이상 공고하면 된다.

평가서 초안을 공고할 경우 관할 시장 · 군수 · 구청장의 의견을 들어 공고 내용을 결정하여야 하며, 사업자가 설명회 일시 및 장소 등 설명회 개최에 관하여 필요한 사항을 공고내용에 포함하여 주도록 요청할 경우에는 이에 응해주어야 한다. 공고 내용은 사업 개요, 공람 장소 및 기간, 주민의견 제출의 방법, 기타 공람 및 주민의견 수렴에 관하여 필요한 사항이 포함되어야 한다. 또한 공람장소는 주민의 불편이 없도록 사업의 위치, 규모 등을 고려하여 옥내에 선정하여야 하며, 관할 시장 · 군수 · 구청장별로 1개소 이상 선정해 많은 지역주민들이 볼 수 있도록 배려해야 한다.

공고 및 공람을 생략하는 경우 주관 시장 · 군수 · 구청장은 그 사실을 즉시 환경부장관에게 통보하여야 하며, 관할 시장 · 군수 · 구청장 등 관계 행정기관의 장은 공고 및 공람을 하였을 때 예상될 수 있는 주민의견을 고려하여 검토의견을 제출하도록 하고 있다.

2.2 공 람

〈그림 1.4〉 평가서 초안 열람부 양식

[별지 제1호 서식]

<table>
<tr><th colspan="6">평가서 초안 열람부</th></tr>
<tr><td colspan="2">① 사 업 명</td><td colspan="4"></td></tr>
<tr><td colspan="2">② 사 업 장 위 치</td><td colspan="4"></td></tr>
<tr><td colspan="2">③ 사 업 자</td><td colspan="4"></td></tr>
<tr><td colspan="2">④ 주관시장(군수 · 구청장)</td><td colspan="4"></td></tr>
<tr><td colspan="2">⑤ 공 람 장 소</td><td></td><td>⑥ 공람기간</td><td colspan="2"></td></tr>
<tr><td>일련번호</td><td>열람일</td><td colspan="3">열람자</td><td></td></tr>
<tr><td></td><td></td><td>성명</td><td>주소</td><td>전화번호</td><td>비고</td></tr>
<tr><td></td><td></td><td></td><td></td><td></td><td></td></tr>
<tr><td colspan="6">공람책임자 소속 : 직급 : 성명 : (서명 또는 인)</td></tr>
</table>

공람이란 많은 사람들이 볼 수 있도록 하는 것으로 이를 원활히 진행하기 위하여 공람장소의 입구에는 〈평가서 초안 열람부〉와 〈주민의견 제출서〉를 비치하도록 하고 있다. 평가서 초안은 초일과 공휴일을 포함하여 50일을 초과하지 않는 범위 내에서 30일 이상 공람하여야 한다. 공람 시간은 매일 업무 개시 30분 후부터 업무종료 30분 전까지를 원칙으로 하고 있다. 공람장소에는 평가서 초안을 5부 이상 비치하도록 하고, 주민신청이 있을 경우에는 최소한 1부 이상을 남겨두고 평가서 초안을 대여할 수 있도록 하고 있다.

〈그림 1.5〉 주민의견 제출서 양식

[별지 제1호 서식]

주민 의견 제출서				
① 사 업 명				
② 사업장 위치				
③ 사 업 자				
④ 의견제출자	성명		주민등록번호	
	주소			
평가서 초안에 관한 의견				
공청회개최에 관한 의견	개최필요여부 : 필요하다, 불필요하다 이유 : (개최가 필요하다고 생각하는 경우에만 기재)			

환경 · 교통 · 재해등에관한영향평가법시행령 제7조제1항의 규정에 의하여 평가서 초안의 내용 및 공청회개최의 필요성 여부에 관한 의견을 제출합니다.

년 월 일

제출자 (서명 또는 인)

시장 · 군수 · 구청장 귀하

2.3 설명회 또는 공청회

평가서 초안을 주민들에게 좀더 적극적으로 알리는 방법으로 설명회와 공청회가 있는데, 설명회는 반드시 개최하여야 하는 의무사항이나 공청최는 일정한 요건에 의해 개최하도록 하고 있다. 설명회를 개최하였다 하더라도 공청회를 개최하여야 하는 경우도 있다. 다만, 사업자 스스로 공청회를 개최한 경우에는 따로 공청회를 개최하지 않아도 된다.

개발사업을 둘러싸고 개발사업자와 지역주민 또는 환경단체와의 갈등이 빚어지는 경우가 빈번히 발생했었다. 개발사업자는 설명회나 공청회를 통해 사업의 타당성을 설령하려하고 하나 사업 사행을 반대하는 측은 설명회나 공청회의 개최 자체를 무산시키려는 경향이 있다. 이 경우 법의 해석은 이렇다. 즉 사업자가 법에서 정한 절차에 따라 설명회 또는 공청회를 개최하고자 했는데 주민반대 등으로 무산된 경우에는 주민의견을 수렴하기 위하여 개별적 서면 제출 등 필요한 조치를 취한 경우에는 이를 개최한 것으로 본다는 것이다.

설명회는 사업자가 사업 시행내용을 주민이게 알려 주민의 이해 증진을 돕기 위한 절차로 공람일부터 10일 이내의 초기 기간에 사업내용, 사업시행으로 인한 환경영향 및 그 저감대책 등을 주민에게 알려주는 제도이다. 설명회는 미리 공고한 일시와 장소에 모인 주민을 대상으로 사업내용, 환경영향, 저감대책 등에 대해 설명을 하되, 필요시 주민의견을 들을 수 있다. 이와 달리 공청회는 사업자와 주민 또는 주민 사이의 이해관계 상충과 대립을 조정하기 위한 것으로 공람기간 만료 후에 주민의 의견을 듣는 제도라는 점에서 설명회와 차이가 있다.

2.4 주민의견 제출 범위 및 취합

평가서 초안에 대한 의견을 제출할 수 있는 주민은 사업대상 지역 안에 주소를 가진 사람이나 그 단체로 제한된다. 다만, 국토이용관리법상의 자연환경보전지역, 자연공원법상의 자연공원, 습지보전법상의 습지보호지역, 환경정책기본법상의 특별대책지역 등 생태계의 보전가치가 큰 지역에서 시행되는 사업의 경우는 시민단체, 전문가 등 지역주민 외의 의견도 수렴하여야 한다.

주민은 공람기간 만료일 7일 전까지 주관 시장 · 군수 · 구청장 또는 관할 시장 · 군수 · 구청장에게 대상사업의 시행으로 인하여 예상

〈표 1.7〉 댐 건설사업의 주민갈등 유형

구분	주민갈등 유형
자연환경	• 생태계파괴 문제; 천연기념물, 희귀종, 생물권 보전지역의 피해 • 재배작물의 수확량 감소; 습기로 인한 식물의 탄저병 증가, 병충해 심화 • 과일의 당도 감소 • 주변지역 지반 침하
생활환경	• 기상변화(안개 증가, 일조시간 감소, 국지성 폭우, 폭설 증가) • 주민의 건강문제(안개로 감기 · 호흡기 질환 증가) • 주변의 대기오염 가능성 증가(예: 1989년 안동시 아황산가스 오염도는 공단지역인 구미시보다 높은 수준임)
사회 · 경제환경	• 수몰 예정지역 주민 이주 및 보상 문제 • 수몰에 따른 높은 보상비 노리는 현지 주민들과 외지인의 투기 행위 • 보상액을 올리려 고소득 작물 재배 투기(예: 평균소득이 평당 2,200원인 벼농사 대신 평당 평균소득이 10배가 넘는 국화를 심는 등 실농 보상 투기 발생) • 문화재 소실문제; 고대 풍속전래 · 보물 · 유적 등 • 기존의 고속도로 · 국도 수몰 등으로 예산 손실

자료 : 남영숙 · 구도완 · 금기용, 1998

〈표 1.8〉 다목적댐의 편익과 비용

구분	편익	비용
직접 편익	• 생활 · 공업 · 농업용수 공급 • 홍수조절 – 침수피해 감소(인명 및 재산) – 농작물 침수 및 유실방지 – 농경지 침식 및 매몰방지 – 하천구조물 피해감소(제방, 호안, 수제, 교량 등) – 퇴사 준설 유지비 감소 • 수력발전(시설 및 에너지 편익) • 레크리에이션(레크리에이션 기능 향상) • 하류 수질 개선 – 하천유지용수 공급, 수질보전 및 개선 • 비상용수 공급(갈수기의 비상용수 대책) • 내륙 주운 – 기존 수송수단 개선, 상품 유통량의 증가	• 댐 건설비 • 발전소 건설비 • 유지관리 보수비 • 보상비 • 기존시설 · 기념물 이전비 • 레크리에이션 시설비 • 주운시설 건설비 • 도수로 건설비
간접 편익	• 토지이용 증가(저지대 및 침수상습지의 이용) • 홍수관리 노동력 절감 • 유역관리효과 향상(수자원의 효율적 이용) • 토사유입량 감소(수자원시설 관리비 절감) • 자산이용 고도화 • 어업 및 양식 • 발전용 유류대체 효과(외화절감) • 극심한 갈수대비 물 공급 • 수송에 따른 수단의 분산효과 • 연관산업 파급 효과 – 생산 유발, 부가가치 유발 ,고용창출 유발 효과	• 환경생태 개선비 수질보전 및 개선 생태계 보존 • 주변지역 지원비
비계량 편익	• 친수환경 및 기능 개선(경관향상, 주변환경 미화) • 인명피해 방지 • 영농수지 개선(농촌사회 안정) • 건설 및 연관산업 발전효과 – 토목시공 기술 축적, 장비생산 국산화 • 공중보건위생 향상 – 상수도 보급 확대, 장마철 위생수준 개선 – 일반복지 증진, 공해방지(대기오염감소) • 국민경제 기여 – 경제성장 활성화, 재생에너지 이용, 자원절약	• 환경생태 개선 및 복원비 • 수몰 및 이주에 따른 사회비용 • 문화재 및 유물 수장

자료 : 한국수자원공사, 1998.

되는 생활환경 및 재산상의 환경오염 피해와 그 감소방안 등 평가서 초안의 내용 및 공청회 개최 여부와 그 필요성에 대하여 〈주민의견제출서〉에 의하여 의견을 제출할 수 있다. 그리고 관할 시장 · 군수 · 구청장이 주민의견을 제출받은 경우에는 공람기간 만료 후 10일 이내에 주관 시장 · 군수 · 구청장에게 통보해야 한다. 이어 관계행정기관의 장은 평가서 초안이 접수된 날부터 30일 이내에 주관 시장 · 군수 · 구청장에게 평가서 초안의 내용에 대한 의견을 통보해야하고, 주관 시장 · 군수 · 구청장은 주민의 제출의견, 관계행정기관의 장의 통보의견 및 스스로의 의견을 공람기간 만료 후 14일 이내에 사업자에게 통지하도록 되어 있다.

환경영향평가 대상 사업을 시행함에 있어서 다른 법령의 규정에 의하여 주민의견수렴 절차가 규정되어 있는 경우에는 그 법령에 의한 주민의견수렴의 시기, 방법 및 절차 등을 고려하여 환경교통재해등에 관한영향평가법 규정에 의한 주민의견 수렴 절차와 통합하여 진행할 수 있다.

제2장 사회영향평가의 이론

1. 사회영향평가의 정의

사회영향평가(SIA)는 개발사업이 사회경제 환경에 미치는 영향을 예측 · 평가하는 방법론으로 1640년경 네덜란드와 1770년대 프랑스의 운하사업에서 초기적 형태의 사회영향평가가 수행되었다는 주장도 있으나, 본격적인 활용은 개발사업이 원주민의 사회적 행태에 미치는 영향을 연구하던 1950년대부터 인류학과 사회학에서 사용되면

〈그림 2.1〉 사회영향평가와 다른 평가 방법 및 이해관계자와의 관계

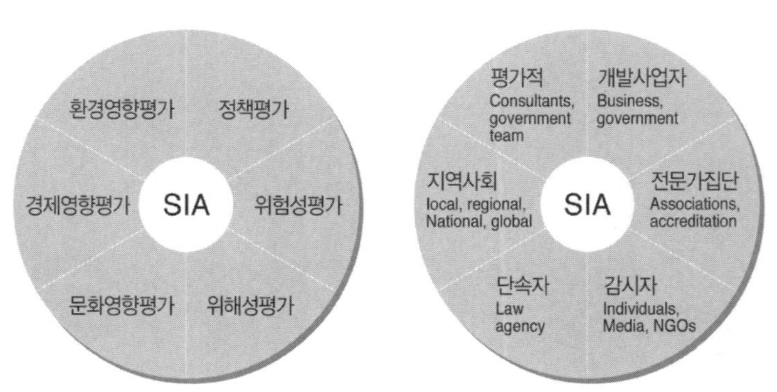

서부터이다(Barrow, 2000).

사회영향평가와 유사한 기존의 평가 방법론으로 대규모 개발사업이 자연환경 및 생활환경에 미치는 영향을 예측 · 평가하는 환경영향평가(EIA)나 위해성평가(Risk Assessment: RA), 경제영향평가(Economic Impact Assessment: EIA), 문화영향평가(Cultural Impact Assessment : CIA) 제도 등이 있으며, 이들은 평가 분야 및 기법 등에서 유사한 측면이 있다(〈그림 2.1〉).

또한 사회영향평가는 〈그림 2.1〉에서와 같이 평가자, 전문가 집단, 지역사회, 환경단체, 입법 및 행정기관 등 다양한 이해관계자와의 관계 속에서 진행되는 제도적 절차라는 특성이 있다.

사회영향평가에 대한 정의는 다양한 연구자 및 기관에 의해 제안된 바 있으며, 문헌상 사회영향평가의 정의에 대한 활발한 논의가 이루어진 시기는 1980년대 이후이다. 사회영향평가에 대해서 Wolf(1980)는 정책, 프로그램, 프로젝트 등의 계획 단계에서 3Ps가 사회에 미치는 영향을 사전에 평가-예측하는 것으로 정의한 바 있으며, Diets(1987)는 과학적인 정책분석 통합 방법론으로 정의한 바 있고, Buchan과 Rivers(1990)는 Wolf와 마찬가지로 3Ps가 개인 및 지역사회에 미칠 가능성이 있는 영향을 조사하는 절차로 정의하고 있다.

한편 Willingen(1993)은 정부나 민간, 특정한 그룹에 의한 행위나 자연적인 현상에 의한 잠재적 영향을 조사하는 것으로 사회영향평가를 광범위한 의미로 정의한 바 있다. Burge(1994)의 경우 사회적 상황과 절차에 미치는 과거와 현재의 영향을 분석하는 것으로 정의하였으며, US DOC 등(1994)에서는 사회영향평가의 가이드라인을 통해 다음과 같이 사회영향평가를 정의하고 있다.

"새로운 정책의 채택이나 프로그램과 같은 특정한 정책 행위와 건축물 및 대형 개발사업, 자원 채굴을 위한 토지의 임대와 같은 정부의 특정한 행위로 인해 발생될 수 있는 사회적 결과를 그 행위에 앞서 평가하거나 예측하려는 시도"

〈표 2.1〉 사회영향평가의 정의

연구자	정의
Wolf(1980)	정책, 프로그램 또는 프로젝트의 영향이 나타나기 전, 계획 단계에서 사회적 영향을 예측하고 평가하는 것
Diets(1987)	민주적인 정치 절차에 반영하기 위한 과학적 정책분석에 통합할 수 있는 잠재성을 제공하는 정책 분석의 방법
Buchan and Rivers(1990)	제안된 프로젝트, 프로그램 및 정책이 개인, 그룹, 지역사회에 미칠 수 있는 잠재적 영향을 조사는 절차
van Willingen (1993)	자연적 현상이나 정부나 업계의 행위 또는 어떤 사건의 연속이 특정한 인구 집단에 영향을 미칠 수 있는 잠재적 영향의 연구
Burge(1994)	사회적 조건과 절차에 미치는 과거와 현재의 대립을 분석하고 이를 조정한 결과로 인해 장래에 발생할 수 있는 결과를 예측하는 것
US DOC, NOAA, NMFS(1994)	새로운 정책의 채택이나 프로그램과 같은 특정한 정책 행위, 그리고 건축물 및 대형 개발사업, 자원 채굴을 위한 토지의 임대와 같은 정부의 특정한 행위로 인해 발생될 수 있는 사회적 결과를 그 행위에 앞서 평가하거나 예측하려는 노력
NEPA[a](1998)	정부의 행위가 사회환경에 미치는 영향이 무엇인지 분석하는 방법

a The National Environmental Policy Act(NEPA) is the primary legal requirement for SIA in United States. Section 40 CFR 1508.14 of the CEQ(Council on Environmental Quality) NEPA regulations states that : ...and economic or social and natural or physical environmental effects are interrelated, then the environmental impact statement will discuss all theses effects on the human environment.

Efforts to assess or estimate, in advance, the social consequences that are likely to follow from specific policy actions (including programs, and the adoption of new polices), and specific government actions (including buildings, large projects and leasing large tracts of land for resource extraction)

한편, 사회영향평가의 시행 요건의 법적 기반인 미국의 국가환경정책법(NEPA)은 정부의 행위가 사회환경에 어떠한 영향을 미치는지 분석하는 방법론이라고 정의하고 있다.

2. 환경영향평가와 전략환경평가와의 비교분석

사회영향평가는 환경영향평가(EIA)나 전략환경평가(SEA)처럼 하나의 완결된 체제를 갖춘 방법론으로 인식되고 있으나, 일부 학자는 사회영향평가를 환경영향평가 절차상의 한 과정이며 환경영향평가의 한 부분으로 통합해 보기도 한다(Gismondi, 1997; 구도완, 2002). 또한 일부 학자는 임팩트(impact)라는 용어가 부정적 인상을 줄 수 있다는 이유로 다른 용어를 제안하기도 한다.

사회영향평가와 유사한 개념으로 전략환경평가가 있는데 이는 1990년대 이후 국제적으로 활발히 논의되기 시작한 제도로 네덜란드 환경관리법(1987), 캐나다의 환경영향평가지령(1990), 세계은행에서 발간된 연차보고서(2001), 국제영향평가협회(IAIA)의 제안서(2002) 등에서 그 내용을 찾아볼 수 있다(한상욱, 2003).

〈그림 2.2〉 사회영향평가와 환경영향평가 및 전략환경평가의 관계

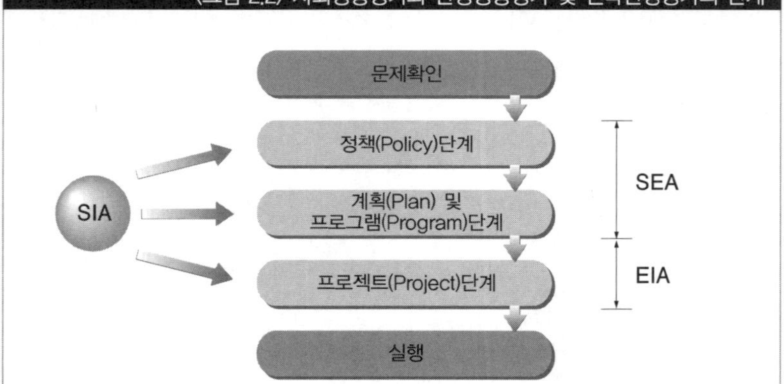

전략환경평가는 정책, 계획, 프로그램 등 3Ps 단계부터 환경적 영향을 평가하는 방법으로써 프로젝트 단계에서 평가를 하는 환경영향평가와의 구분점은 명확한 편이다. 그러나 사회영향평가의 경우 프로젝트 단계는 물론, 정책, 계획, 프로그램 등 3Ps 단계에 적용 가능하다는 점에서 절차 면에서 포괄적이다(〈그림 2.2〉).

평가항목의 경우 환경영향평가와 전략환경평가가 자연환경, 생활환경, 사회경제환경을 평가 분야로 하고 있는 반면, 사회영향평가는 사회경제분야 항목을 대상으로 하는 평가 방법이라는 점에서 차이가 있다(〈그림 2.3〉).

이 같은 시각이 사회영향평가를 환경영향평가 절차상의 한 과정이며 환경영향평가의 한 부분으로 통합해 보는 이유이다. 환경영향평가와 사회영향평가, 전략환경평가 등 영향평가 방법론의 변천과 관련해

〈그림 2.3〉 환경영향평가와 3개 평가분야의 관계

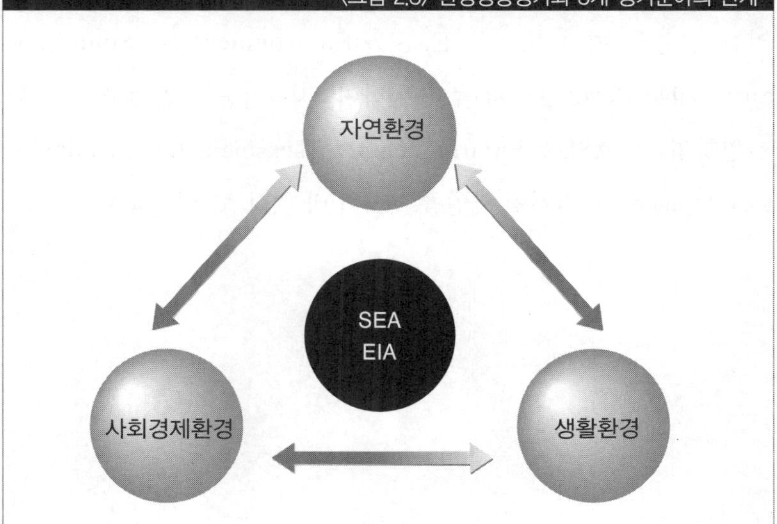

〈그림 2.4〉 ESSD를 달성하기 위한 평가 방법의 발전

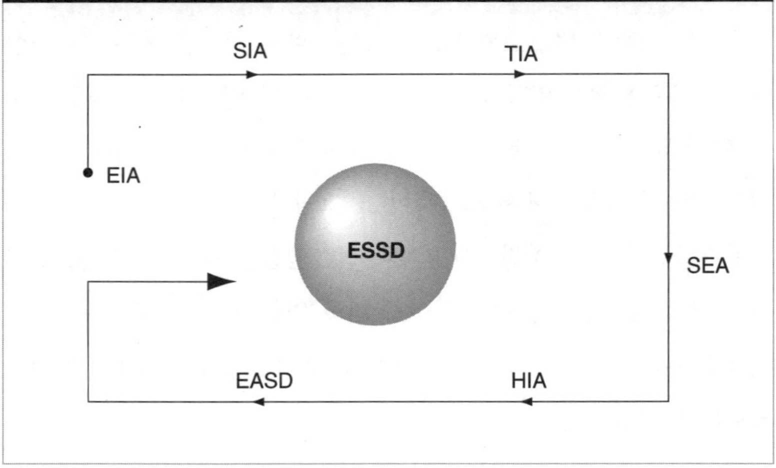

IAIA는 2001년 5월 Impact Assessment in the Urban Context라는 주제의 제21차 회의를 통해 TIA(Technology Impact Assessment), HIA(Health Impact Assessment), CIA(Cumulative Impact Assessment)의 과정을 거쳐 발전되어 왔다고 밝힌 바 있다. 또한 이러한 일련의 평가 방법은 ESSD (Environmentally Sound and Sustainable Development)를 지향하며, 지속가능한 발전을 위한 환경영향평가(EASD : Environmental Assessment for Sustainable Development)로 발전될 것임을 시사한 바 있다(〈그림 2.4〉).

3. 사회영향평가 평가항목 및 절차

3.1 평가 항목

한국에서 환경영향평가의 기본 지침이 되는 '환경영향평가서작성등에관한규정' (환경부고시 제2001-7호)에 의해 '사회경제 분야' 에 포함되는 환경영향 평가 항목은 인구, 주거, 산업, 공공시설, 교육, 교통, 문화재와 같은 7개 항목이다. 사회경제 분야 평가 항목은 규정의 개정(환경부고시 제2006-226호)에 따라 인구, 주거, 산업 3개 항목으로 축소 · 개정되었다.

환경영향평가 및 사회영향평가 제도를 처음 시작한 미국의 경우 스코핑 절차를 통해 환경영향평가 범위 및 항목 등을 결정하는 형식을 취하고 있으므로 한국과 같이 평가 항목을 관련 규정으로 명시하고 있지 않다. 선행 연구를 통해 살펴보건대 사회영향평가의 평가 항목으로 제안되고 있는 항목은 인구, 교육, 주거, 산업 외에 노동력, 경제적 지위, 공중보건, 공중안전, 가정 상태, 위락 기회, 지방정부 등 다양한 항목이 포함되어 있다. 〈표 2.2〉는 선진 외국에서 적용되고 있는 사회영향평가 13개 항목 및 지표로써 〈표 2.3〉에 예시된 2001년 환경부고시기준의 평가 항목 7개 항목 및 지표와는 차이를 보인다.

〈표 2.4〉에 제시되어 있는 공중보건, 위락, 환경질의 경우 한국은 '생활환경' 평가 항목으로 분류하고 있다. 〈표 2.4〉와 같이 환경부 규

정에서 제시하고 있는 사회경제분야 주요 평가 항목별 내용으로는 '인구'의 경우 '인구밀집 지역에 대한 대책', '인구밀집에 따른 환경영향 및 대책' 등을 일반적인 평가지표로 제시하고 있으며 특정사업별로 평가 내용을 제시하고 있지는 않다. 이러한 사회경제 평가 항목 및 내용상의 문제점 때문에 일부 연구자는 환경영향을 평가하기 위해 과거 인구추이, 이주인구 발생시 인구수, 계획인구의 예측 및 그 근거 등과 같은 항목을 포함시키는 것이 바람직하다는 의견을 제안한 바 있다(남영숙 등, 1998).

남영숙 등은 사회경제 분야 7개 평가 항목 중에서 댐 건설과 같은 수자원 개발사업의 경우 기존에 문화재 1개 항목으로 설정되어 있던

〈표 2.2〉 사회영향평가 항목 및 평가 지표

인 구	연령, 성, 인종, 직업, 가옥 보상
정부	재정세율, 세 부담, 제출, 소득, 채무
교 육	입학생수, 시설, 교원 배정 및 자격소지, 학생-교사 비율, 졸업률, 재정
주 거	일람, 소유-임대 패턴, 형태-규모-연령에 따른 특성, 임대비, 주거 형태별 이용률
노동력	고용, 노동 참여, 산업 부문별 고용 분포, 취업 기회
경제 수준	지역경제 안정도, 수입, 수입 분포, 에너지 부문 지출, 산업 분야별 영향
환경질	먼지, 악취, 부유물질, 온배수, 소음(대화 방해), 사회적 행동에 미치는 영향(소음 등)
공중 보건	시설의 수 및 종류, 숙련 인력의 수 및 숙련 분야, 점유자 패턴, 진료비, 노인 및 저소득층을 위한 의료 서비스, 음용수 수질
가정 상태	결혼 정도, 가구 인원수, 결혼, 이혼, 재결합
공중 안전	화재 예방, 경찰 치안, 응급차 서비스, 구조 서비스
위락 기회	시설 형태, 소유 형태, 참여, 분포 및 접근성
문화재	역사-선사시대 장소, 독특한 주거지
지방 정부	계획, 규제 및 기준, 후생 보호, 교육, 행정, 법률 집행

Jain, R.K. et al. 2002. Environmental Assessment(2nd ed.), McGraw-Hill.

사회경제 분야 평가 항목을 인구, 주거, 산업 등 3개 평가 항목을 추가하는 것이 바람직하다고 하였다.

〈표 2.3〉 환경영향평가의 사회경제분야 평가항목별 평가지표[9]

인 구	– 인구 현황 – 인구 구성 현황 – 인구 증감 현황
주 거	– 가구수, 주택수, 주택보급률, 주택의 형태, 구조, 주거 환경의 적절성, 주택의 소유현황 – 이주민 발생조사
산 업	– 산업별 활동상황(산업별 취업구조, 산업구조, 규모, 생산액, 산업배치 현황 등) – 산업진흥 계획
교 육	– 교육시설 현황(위치, 학교수, 교직원수, 학생수) – 교육환경 현황(교육환경의 문제점)
교 통	– 기존도로망의 교통수단별 교통량, 주차시설 – 기존도로의 도로별 V/C, 서비스 수준
공공시설	– 공공시설 분포 현황과 규모 – 공공시설 수용능력과 이용 실태
문화재	– 문화재 분포현황(위치, 내역, 지정번호, 문화재종류별 분포수, 관리자 등) – 문화재 보호구역 지정여부

자료: 환경부. 2001. 환경영향평가서작성등에관한규정(환경부고시 제2001-7호).

9) 사회경제분야 평가 항목은 환경영향평가서작성등에관한규정(환경부고시 제2006-226호: 2007년 1월5일)의 개정에 따라 인구·주거·산업 3개 항목으로 변경되었으나, 사회경제 분야 항목의 상세한 기술을 위해 7개 항목을 중심으로 서술하였음.

〈표 2.4〉 환경영향평가의 사회경제분야 주요 평가내용

인 구	- 인구밀집유발의 정도 및 인구밀집지역에 대한 대책 - 인구밀집에 따른 환경영향 및 대책
주 거	- 주거지역의 도로망 등 연결계획 - 주거지역에 미치는 환경영향예측 및 대책(이주대책 포함)
산 업	- 주변 산업구조변화 예측 - 어업권, 양식장, 농작물 등에 대한 피해예측 및 대책
교 육	- 교육시설의 수용용량에 미치는 영향 및 대책
교 통	- 교통량의 변화와 도로계획과의 관계분석 및 대책 - 주차장. 환승장 입지 및 용량의 적정성 검토(교통 분야와 통합평가시 생략) - 기존도로의 V/C비 제시 후 진입도로 확 · 포장 대책 등 - 가로수목의 선택 및 적정배치(교통 분야와 통합평가시 생략)
공공시설	- 공공시설의 수용용량에 미치는 영향 및 대책
문화재	- 문화재에 미치는 영향의 정도 및 대책 - 유적지에 대한 지표조사의 실시와 유물 등의 보호대책

자료: 환경부, 2001.환경영향평가서작성등에관한규정(환경부고시 제2001-7호).

3.2 평가 절차

환경영향평가 절차는 일반적으로 1) 평가대상 여부 결정, 2) 범위 설정, 3) 협의, 4) 현황조사, 5) 영향평가, 6) 저감방안, 7) 대안 설정, 8) 사후조사와 같은 8단계 절차를 통해 이루어진다. 환경영향평가의 8단계 절차는 〈표 2.5〉에 정리된 바와 같다. 한국은 평가대상 여부를 결정하는 스크리닝 제도와 범위를 설정하는 스코핑 제도를 변용된 형태로 운용하고 있으나, 현황조사, 영향평가, 저감방안, 대안 설정, 사후조사 등의 절차는 환경영향평가의 일반적인 절차와 동일하게 운영하고 있다.

사회영향평가는 환경영향평가의 한 과정으로 실행되는 경우가 많으므로 환경영향평가 절차와 유사하다고 할 수 있다. Barrow(2000)는 사회영향평가의 이론 연구를 통해 독립적인 평가 절차로 시행할 경우 1) 범위 설정, 2) 문제 규명, 3) 대안 설정, 4) 프로파일링(profiling), 5) 예측, 6) 평가, 7) 분석, 8) 저감방안, 9) 사후조사, 10) 관리와 같은 10단계 절차를 제안하고 있다. 사회영향평가의 10단계 절차는 〈표 2.6〉에 제시하였다. 사회영향평가의 절차는 문제 규명, 프로파일링 등 일부 절차를 제외한다면 환경영향평가 절차와 거의 같다고 할 수 있다.

한국에서 댐을 비롯한 대형 국책사업 계획 및 사업시 사회영향평가는 의무화되어 있지 않으며, 독립적인 절차로 시행되고 있지도 않다.

〈표 2.5〉 환경영향평가의 일반적인 절차

1 평가대상 여부 결정	환경영향평가가 필요한 사업인지 여부를 결정
2 범위	설정환경영향이 미치는 공간적 범위 및 영향의 정도를 설정
3 협의	개발사업 지역이 결정된 이후 각 개인 및 단체의 의견을 기록하고 환경영향평가 과정에 반영시키는 절차
4 현황 조사	개발사업으로 인해 중요한 영향을 받을 것으로 예상되는 환경영향 요소의 현재 상태에 대해 조사
5 영향 평가	개발사업이 기존 환경에 미치는 영향을 예측 평가
6 저감 방안	개발사업으로 인해 발생되는 환경 악영향을 피하거나, 줄이거나, 정화하거나, 보상하기 위한 목적으로 개발사업의 실행이나 설계를 조정하는 방안
7 대안	설정계획 목표를 달성하기 위한 대안적 접근으로 입지, 공법, 관리 방법상의 대안을 설정
8 사후조사	환경에 영향을 미치는 특정한 환경 변수를 중심으로 측정과 관찰을 주기적으로 시행하는 조사 절차1평가대상

Carroll, Barbara and Turpin, Trevor. 2002. Environmental Impact Assessment Handbook, London: Thomas Telford.

〈표 2.6〉 사회영향평가의 일반적 절차

1 범위 설정	평가 수준, 조사 범위, 예산, 조사 일정, 조사팀 등을 설정
2 문제 규명	목표 설정, 사회적 영향을 받는 그룹과 이해 당사자의 규명
3 대안 설정	합리적 대안을 밝히고 대안과 관련된 정보를 수집
4 프로파일링	누가 영향을 받는 지 결정
5 예측	영향이 어떠한 효과가 있을 것인지 예측
6 평가	개발사업의 대안과 관련된 중요한 영향을 평가
7 분 석	영향을 받을 가능성이 가장 큰 간접적, 누적적인 영향을 분석
8 저감방안	적용 가능한 저감방안, 회피책, 채택 안을 밝히고 이로 인해 발생할 수 있는 영향을 평가
9 사후조사	모니터링 진행 계획을 결정하고 검토
10 관리	목표를 검토하고 절차를 수정

Barrow,C.J. 2000. Social Impact Assessment-An Introduction, London ; Arnold.

댐 건설 계획 및 사업은 일반적으로 〈그림 3.1〉과 같은 절차를 거쳐 시행되며, 절차상 사회경제환경에 대한 체계적인 검토가 이루어지는 단계는 '예비타당성조사' 와 '환경영향평가' 이다.

4. 사회영향평가 사례분석

4.1 국외 사례

댐과 관련된 사회영향평가 관련 연구중 특기할 만한 것은 세계댐위원회(World Commission on Dams : WCD)가 장기간에 걸쳐 수행한 다국가간(多國家間) 연구이다. 이 사례 연구는 기술공학적 연구 분야가 아닌 공공적 분야의 연구로써 댐 건설로 인한 사회적 영향을 조사 분석해온 대표적인 성과물이다.

WCD에서는 댐 건설로 인한 사회적 이슈(Social Issues)를 전세계 7개국을 대상으로 사례 연구를 하고, 그 결과를 「댐과 개발: 의사결정의 새로운 틀」(WCD, 2000)이란 제목의 보고서로 간행한 바 있다. 전세계 7개국을 대상으로 사례 연구를 한 결과를 비교 분석한 결과는 〈표 2.7〉과 같다.

WCD는 브라질, 노르웨이, 파키스탄, 태국, 터키, 미국, 잠비아/짐바브웨 등 7개국을 대상으로 댐 건설로 인한 사회적 영향을 장기간에 걸쳐 조사 분석하고 그 결과를 체계화하여 보고서 및 온라인 정보망을 통해 제공하고 있다. 아울러 WCD는 댐 건설로 인한 사회적 영향의 중대성을 인식하고 주제별 조사(thematic reviews)를 통해 '대댐의 사회적 영향' 등 다양한 주제로 논문집을 간행해오고 있다.

댐 건설사업에 대한 사회영향평가는 WCD를 중심으로 이루어지고 있으나, 대형 공공개발 사업의 경우 국제기구가 주관하여 실시하는

〈표 2.7〉 WCD의 국가별 사례연구 비교

댐종류 (국가, 기관)	이주민 수 (명)	긍정적 영향	부정적 영향
Glomma and Laagen (노르웨이) 1945-1970	미상	• 발전: 10,145GWh/yr (1998) • 홍수 예방	• 사례연구가 이루어지지 않음
Grand Coulee(미국) 1955-1959	5,000 ~6,500	• 발전: 24,05010,145GWh/yr (1995–1998) • 관계용수 공급: 279,700ha • 관광: 300만명/년	• 1991년대까지 1,300~2,000명에 대한 보상이 이루어지지 않음 • 연어 이동로 차단
Kariba (잠비아) 1955-1959	57,000	• 발전: 3,860GWh/yr (1996) • 관광: 485천 명/년 • 어획: 23,350 tons • 관계용수 공급: 2,700ha	• 원주민 대다수가 자원고갈 지역으로 이주 • 댐 하류지역의 생활형태 변화 • 풍토병 발생
Tarbela (파키스탄) 1968-1976	96,000	• 발전: 15,100GWh/yr (1998) • 고용효과 • 연간 관계 용수량 9% 공급	• 농민, 영세어민 등의 생활터전 상실
Gariep and Vanderklooof (남아공) 1963- late 1970's	1,380	• 발전: 660GWh/yr (avg.1971–1998) • 관계용수 공급: 138,000~164,000ha • 관광: 200,000명/년 • 관계용수 공급: 151Mm^3	• 백인 이주자의 보상은 순조로우나 흑인 이주자는 그렇지 않음. • 흑파리의 창궐로 인한 피해
Aslantas (터키) 1975-1985	5,000	• 발전: 650GWh/yr (avg.1995–1999) • 관계용수 공급: 84,000ha	• 정확한 사례보고 없음
Tucurui (브라질) 1975-1985	25,000 ~35,000	• 발전: 20,000–23,000GWh/yr (1995– 1998) • 어획: 3,200 tons/yr	• 강 연안 경작으로 인한 수질 악화로 10만 주민 피해 • 하류지역 어족 감소
Pak Mun (태국) 1991-1994	1,700	• 발전: 290GWh/yr (avg. 1995– 1999)	• 영농 및 어업종사 6,000여 주민의 소득 감소

사례가 많은 편이다. 유엔환경계획 중국사무소의 경우 동서 횡단 가스 파이프라인 건설사업에 대한 사회영향평가의 한 방법으로 농촌 및 도시지역 가구를 대상으로 면접조사를 실시하고, 통계 분석한 결과를 토대로 발생할 확률이 가장 높은 사회영향을 종합한 후, 저감방안을 제시한 바 있다(UNEP China Country Office, 2002).

유엔 아시아태평양경제사회위원회는 도로건설 사업에 대한 '다단계 환경 및 사회영향평가 가이드라인'을 통해 도로건설 사업의 구상(Concept), 계획(Planning), 설계(Design), 건설(Construction), 운영(Operation)에 따른 환경 및 사회영향평가 단계를 5단계로 제시하고 있다(UN ESCAP, 2001).

WBCSD(World Business Council for Sustainable Development)의 지원을 받아 수행된 MMSD(Mining, Minerals and Sustainable Development)에 대한 사회영향평가는 광산 및 자원채굴의 사회적 영향을 분석하고 향후 지속가능한 사업을 도모하기 위한 방안을 제시

〈표 2.8〉 국제기구 및 정부 차원의 사회영향평가 평가 사례

수행 기관	프로젝트/보고서	지역/국가
UNEP중국사무소	동서 횡단 가스 파이프라인 공사 사회영향평가 조사(2002년 7월)	중국
ESCAP, UN	도로 건설사업에 대한 다단계 환경 및 사회영향평가(2001년)	아시아 태평양
IIED[a], WBCSD[b]	광산 산업의 사회영향평가 : 현재 상황과 미래의 방향 (2002년 12월)	채광지역
SIAU[c], FYCCQ[d]	Queensland퀸즈랜드 사회영향평가(2000년 3월)	호주 퀸즈랜드

a IIED : International Institute for Environment and Development
b WBCSD : World Business Council for Sustainable Development
c SIAU : Social Impact Assessment Unit
d FYCCQ : Families, Youth and Community Care Queensland

하고 있다(WBCSD, 2001). 호주 퀸즈랜드 주의 경우 지방정부 차원에서 사회영향평가를 실시하고 있는데, 가족, 청소년 및 지역사회 관리부서(FYCCQ)의 사회영향평가부(SIAU) 차원에서 가이드라인을 제시하고 이를 운영하고 있다는 점에서 특기할 만하다(〈표 2.8〉).

4.2 한국 사례

한국에서 수자원 개발사업에 대한 사회영향평가의 효시로 볼 수 있는 것은 이시재 등이 2000년에 수행한 영월댐 건설계획에 대한 사회영향평가다. 이시재는 한경구 등과 같이 수행한 영월댐 건설사업에 대한 민관공동조사의 사회문화분과 팀에 속해 영월, 평창, 정선 지역의 주민들을 대상으로 댐 건설 계획이 지역주민들의 삶에 어떠한 영향을 미치는지 면접 조사하여 분석한 바 있다(이시재, 2001).

이시재는 환경영향평가가 법적 협의 절차를 거쳤다하더라도 지역주민들의 반대에 부딪히거나 지역 주민들에게 피해를 주는 경우가 많음을 지적하면서, 댐 건설계획이 지역 주민들에게 미치는 영향을 주민의식 조사 방법으로 평가하였다. 이시재는 수몰예정지역과 비수몰예정지역의 주민을 대상으로 할당된 마을 표본수를 대상으로 면접조사를 실시하여 1) 인구 특성 2) 생활의 질 3) 영월댐 찬성 여부 4) 홍수 피해 경험 5) 댐 건설 관련 정보와 신뢰도 6) 댐 건설이 주민에게 도움되는 지 여부 7) 지역 발전 전망 등에 관한 지역주민들의 의식을 조사하였다. 이를 통해 찬성과 반대, 수몰지역과 비수몰지역의 차이를 통계적으로 분석하고 댐 건설에 대한 태도 형성 요인에 대해 종합적인 평가를 시도하였다.

1999년 영월댐과 유사한 사례로, 개발사업 여부를 둘러싸고 찬반 논쟁이 가열되었던 새만금간척사업에 대해서도 영월댐과 유사한 형식으로 찬반 양측의 추천 전문가로 구성된 공동조사팀을 조직하기도 하였으나, 사회영향평가 분야는 조사 분야에 포함되지 않았다. 박재묵은 새만금간척사업으로 인한 지역사회 변동을 자료조사 및 심층면접을 통해 지역사회의 변화와 갈등의 구조를 조사한 바 있다(박재묵, 2002).

이시재는 새만금간척사업의 의사결정 과정의 적정성 분석을 통해 의사결정과 합의 모델 형성 절차를 분석하며 환경분쟁 해결의 가장 전형적인 형태로 첫째, 지역주민과 시민단체의 반대 여론 표출 둘째, 반대 운동에 대한 여론 지지 셋째, 정부와 민간단체가 추천하는 공동위원회의 구성 넷째, 위원회의 결정과 같은 절차가 분쟁 해결의 한 합의모델이 되어가고 있다고 밝히고 있다(이시재, 2002).

사회영향평가와 유사한 사례로 1996년 한국수자원공사가 시화호 인근 지역주민들과의 합의 아래 환경운동연합 시민환경연구소에 의뢰해 시화호 건설에 따른 인근 주민의 사회경제적 피해를 조사한 사례도 있다. 이 조사연구는 한경구 등이 대규모 개발사업이 마을 공동체의 사회경제적 변화 및 문화적 영향을 문화인류학적 관점에서 평가하였다는 의의가 있으나, 개발사업으로 인한 사회문화적 영향을 사후에 평가한 사례로서 사회영향평가로 분류하기는 어렵다. 이시재는 이 같은 시화호 조사 사례를 예로 들어 개발사업으로 야기된 사회적 악영향에 대해서는 보상이 되고 있지 않고 있는 제도적 문제점을 비판하고 있다. 1990년에 핵발전소에서 발생하는 방사성 폐기물을 처리하기 위한 방사성 폐기물 처리장 입지 선정을 위한 조사용역 역시 사회영향평가의 일부 내용을 다루고 있지만 사회영향평가 체계에 입각한 조사 연구는 아니었다(이시재, 2001).

위와 같은 논의를 종합해 볼 때 2003년까지 국내에서 이루어진 사회영향평가 사례는 시화 간척사업, 영월댐 건설사업, 동강 생태계 보전지역 지정 사례를 들 수 있다(구도완, 2002). 이 사례를 비교한 결과를 〈표 2.9〉에 제시하였다.

이 사례들은 체계적인 조사 방법론에 의해 추진된 것은 아니며 사업의 특성 역시 다르기 때문에 조사 항목과 변수, 조사 방법론 등은 차이가 큰 편이다. 최승업(2001)은 소양댐을 대상으로 댐 건설과 운영이

〈표 2.9〉 사회영향평가 사례 비교

구분	시화 간척사업	영월댐 건설사업	동강 생태계 보전지역 지정
조사항목	• 사업의 특성 • 인구, 산업, 리더십 종교 등 의례 생활 • 사업에 대한 태도	• 인구 등 행정 현황 • 지가 변동률 • 지역주민들의 태도 • 지역 및 전국적 운동의 역사와 현황 • 정책 제언	• 인구수, 가구수 • 이해 당사자 • 지역의 리더십 • 마을별 주민 태도 • 정책 제언
주요변수	• 시간 변수(사업계획 이전, 구체화, 실시, 완료 후) • 동적 변수	• 사회문화적 영향 • 지역의 이해관계 • 지역주민들의 태도	• 생태계보전지역 정책 • 부채의 양과 질 • 마을의 위치 • 직업 • 환경부와 지방자치 단체 의 정책
조사방법	• 비공식적 인터뷰 • 참여 관찰 • 생애사 청취 • 가구조사 등	• 문헌연구 • 설문지 조사 • 심층면접	• 문헌연구 • 심층면접

자료 : 구도완, 2002

〈표 2.10〉 댐 건설이 주변지역에 미치는 피해 유형(소양강댐)

구 분	피 해
수몰로 인한 피해	• 지역의 농업소득 상실(수몰 농경지) • 지역의 임업소득 상실분(수몰 임야) • 기타 추가피해 요인
안개증가로 인한 피해	• 지역의 농업소득 상실분 • 지역주민들의 추가 진료비 • 기타 추가피해 요인
교통불편 피해	• 교통시간 추가로 인한 시간비용 • 교통거리 추가로 인한 운행비용 • 오지마을 선박, 버스 운행비용 • 초중고생 도심지 자취, 하숙비용 • 기타 추가피해 요인
수몰로 인한 지방세 감소 피해	• 지방세 감소액 • 기타 추가피해 요인
댐 방류수 탁수 피해	• 탁수 정수비용
댐 방류수 냉수 피해	• 농작물 냉해방지 온수지 기회 비용
골재 채취 불가 피해	• 골재 채취권 상실 피해비용
계량화가 어려운 기타 피해 요인	• 수질 악화 피해 • 유원지 및 빙상장 소멸 피해 • 환경규제 피해 • 댐 안전성 관련 주민 정신적 피해 • 물값 공방의 사회적 비용 손실

자료: 최승업, 2001.

주변 지역에 미치는 피해를 유형화하여 경제적 피해 평가로 계량화한 바 있는데, 이는 일종의 '경제영향평가'로 볼 수 있다(〈표 2.10〉).

대규모 개발사업은 경제적 불평등이나 고용 기회의 변화 등을 일으

키므로 사전에 주민들의 의견을 수렴하고 이를 수렴할 수 있는 통로를 제공한다는 차원에서 사회영향평가의 필요성은 매우 크다는 의견도 있었다(한경구, 2002 ; 박순영, 2001).

실제로 댐 건설사업 대한 환경영향평가서 및 사후환경영향조사[10] 보고서를 분석해보면, 1998년 이후 준공된 다목적댐 5개소 가운데 횡성댐, 밀양댐, 보령댐, 용담댐은 인구, 주거, 산업, 공공시설, 교통, 문화재 등 6개 항목을, 탐진댐은 인구, 주거, 산업, 교통, 문화재 등 5개 항목을 평가항목으로 설정하였다(〈표 2.11 〉). 특기할 만한 사실은 5개 댐 모두 사후환경영향 조사 항목으로 '산업' 1개 항목만을 조사하고 있었으며 평가지표도 대부분 '농작물 냉해피해'란 단일 지표를 대상으로 하고 있었다.

〈표 2.11〉 댐 건설사업 환경영향평가서의 사회경제 평가항목 분석 결과

구 분	횡성댐(2001)		밀양댐(1999)		보령댐(1998)		용담댐(2000)		탐진댐(2001)	
	영향평가	사후조사	영향평가	사후조사	영향평가	사후조사	영향평가	사후조사	영향평가	사후조사
인 구	+++		+++		+++		+++		+	
주 거	++		+++		+++		+++		+++	
산 업	++	+	+++	+	+++	+	+++	+	+++	+
공공시설	++		+++		+++		+++			
교 육										
교 통	+++		++		++		++		+++	
문화재	++		+		+		+++		+++	

주 **+++** : 현황조사–영향예측–저감방안, **++** : 현황조사–영향예측, **+** : 현황조사

10) 댐 건설사업의 환경영향조사 기간은 사업 착공 시부터 공사 완료 후 5년까지이다.

이를 통해 볼 때 신규댐 건설사업에 대한 환경영향평가는 사회경제 분야 7개 항목에 대해 현황조사–영향예측–저감방안과 같은 3단계 평가 형식을 따르고 있지만, 댐 건설 이후 이주민의 정착 문제나 주거 환경, 교육 여건, 공공시설 접근성, 지역경제 변화 등에 관한 사후조사가 이루어지지 않고 있음을 의미한다.

이러한 결과는 종래의 환경영향평가가 주로 자연환경과 생활환경에 초점을 맞춰 진행되고 사회적 영향을 정확히 평가하지 못하거나 사후 관리를 적절히 이행하지 못함으로써 주민의 반대에 부딪히고 이로 인해 사업의 지연과 번복이 반복되고 있는 원인의 하나로 해석할 수 있다.

제3장 댐 건설계획과 사회영향평가

1. 댐 건설계획 및 사업시행 절차

댐은 계획 단계에서 수행하는 최초의 '유역 조사' 에서부터 마무리 단계인 '준공 허가' 에 이르기까지 여러 단계의 조사와 설계, 공고 등의 절차를 거치게 된다.

댐의 건설은 최상위 계획인 '수자원장기종합계획' (하천법 제11조 관련)에 의한 장래 물수요 추정과 이에 근거해 수립된 '댐건설장기계획' 에 의해 구체화된다. 댐 건설사업은 수몰 이주민의 발생으로 인한 사회경제적 영향이 크고, 사업비 규모가 500억원 이상 되는 대형사업인 경우가 대부분이므로 기획예산처 장관의 행정고시에 근거해 사업의 필요성 여부를 국가경제 등 거시적 관점에서 판단하는 '예비타당성조사' 절차를 거친다.

댐 건설계획의 예비타당성조사에 적용할 수 있는 지침서로는 한국개발연구원 공공투자관리센터에서 간행한 '수자원(댐) 부문사업의 예비타당성조사 표준지침 연구' (2001)가 있어, 댐 건설계획에 대한

〈그림 3.1〉 댐 건설 계획 및 사업 시행 절차(한국수자원공사, 2003)

유역조사(수공)	유역의 부존 특성, 개발가능성 조사
수자원장기종합계획수립(건교부)	하천법 제11조 : 수자원의 개발.공급관리의 장기 종합정책방향 제시(국토종합개발계획과 연계, 댐건설장기계획 포함)
예비타당성조사(기획예산처)	기획예산처장관 행정고시(총사업비 관리 지침) : 국가경제 등 거시적 차원의 사업 필요성 검토
타당성조사(수자원공사)	건기법 시행령 제38조의5(단위사업의 경제,사회,기술적 타당성 검토)
기본설계(수자원공사)	건기법 시행령 제38조의6(기본계획의 제반조건을 토대로 사전조사.계획, 방침, 개략시공법, 사업비 등 기본내용을 설계도서에 표기
환경영향평가(수자원공사)	환경영향평가법 제8조
환경부 협의(수자원공사).건교부)	기본계획 공고 전까지
중앙건설기술심의위원회심의(수자원공사)	건설기술관리법 제21조
댐건설예정지 지정 및 고시(건교부)	댐법 제5조(댐건설예정지역 지정 및 시 · 군 · 구청장 허가사항 : 건축물기타 공작물의 신축.개축.증축, 토지의 형질변경, 다년생 수목의 식재 또는 이식
기본계획 수립 및 공고(건교부)	댐법 제7조(저수량의 용도별 배분, 댐 사용권의 설정예정자, 건설 비용 및 부담사항, 지역정비사업 등). 토지수용법상 사업인정 시점
실시설계(수자원공사)	건기법 시행령 제38조의6
실시계획 승인요청(수자원공사)	수공법 제10조
실시계획수립 및 공고(건교부)	댐법 제8조(공공시설물 설치계획, 댐수탁관리예정자, 용수배분 계획, 18개법 의제)
건설(수자원공사, 지자체)	공사 : 국가계약법 제6조, 정부투자기관회계규칙 제13조 보상 : 공공용지의 취득 및 손실보상에 관한 특례법 제4조
준공허가 신청(수자원공사)	댐법 제12조, 수공법 제4조
준공허가 및 공고(건교부)	댐법 제12조, 수공법 제11조
댐사용권 설정의 신청(수자원공사)	댐법 제24조
댐사용권설정 (건교부)	댐법 제24조
댐관리(수자원공사)	댐법 제15조, 17조, 43조, 수공법 제9조, 시안법 제6조 (댐의 이치수관리, 댐주변지역지원, 시설물 유지 점검)

예비타당성 조사의 표준 지침서로 활용되고 있다.

예비타당성조사 다음 절차인 타당성조사[11]는 건설기술관리법 제38조 6에 의해 단위사업에 대한 경제사회 및 기술적 타당성을 검토하는 절차로서 사업비 규모 500억원 이상의 대형사업에 적용되는 법정 절차이다. 타당성조사를 거쳐 사업성이 있는 것으로 판단된 댐 건설계획은 '기본설계'[12]를 통해 규모, 배치, 형태, 공사비 등이 설계도서로 구체화된다. 기본설계 도서는 각종 인허가를 위한 근거 자료로 활용되며, 자연-생활-사회경제환경에 미치는 환경 영향을 평가하는 환경영향평가의 기본 자료로 활용된다.

댐 건설사업의 환경영향평가는 환경부가 고시한 '환경영향평가서작성등에관한규정'에 의해 평가 항목을 도출하고 현황조사, 예측 및 평가, 저감방안, 대안 수립 등과 같은 절차를 거치게 된다. 이 연구에서 다루고 있는 '댐 건설사업에 대한 사회영향평가'란 댐 건설이 지역사회에 미칠 사회경제적 요인과 평가 항목을 도출하고 현황조사, 예측 및 평가, 저감방안, 대안 수립 등의 단계로 평가하는 절차라고 할 수 있다.

댐 건설사업에 대한 환경영향평가의 주체는 사업 시행자인 한국수자원공사이나 인허가 기관은 건설교통부이므로 수자원공사와 건설교통부는 환경에 미치는 영향의 저감방안 등을 협의기관인 환경부와

---

11) 건설기술관리법 시행령 제38조의 6에는 '타당성조사'를 당해 건설공사로 건축되는 건축물 및 시설물 등의 설치단계에서 철거단계까지의 모든 과정을 대상으로 기술 · 환경 · 사회 · 재정 · 용지 · 교통 등 필요한 요소를 고려하여 조사 · 검토하여야 한다고 규정하고 있다.

12) 기본설계란 예비타당성조사, 기본계획 및 타당성조사를 감안하여 시설물의 규모, 배치, 형태, 개략공사 방법 및 기간, 개략 공사비 등에 관한 조사, 분석, 비교 · 검토를 거쳐 최적안을 선정하고 이를 설계도 서로 표현하여 제시하는 설계업무로서 각종사업의 인 · 허가를 위한 설계를 포함하며, 설계기준 및 조건 등 실시설계 용역에 필요한 기술자료를 작성하는 것을 말한다. 기본설계등에 관한 세부시행기준(건설교통부 고시, 제2000-235호).

의 '협의' 하게 된다.

댐 건설사업에 있어서 환경영향평가 협의 절차는 상위 계획단계에서 시행한 '예비타당성조사' 와 '타당성조사' 와 달리, 환경행정 주무부처인 환경부를 통해 각종 이해관계자와 협의하는 절차로 댐 건설사업의 시행 및 규모 조정 등에 영향을 미칠 수 있는 중요한 절차이다.

환경영향평가 협의가 종료되었을 경우 건설교통부는 '댐건설및주변지역지원등에관한법률' 제5조 및 제7조에 의해 '댐건설예정지지정 및 고시' 와 '기본계획 수립 및 공고' 를 하게 된다. '실시설계'[13]는 기본계획 수립 및 공고 이후에 진행되는 절차로 댐의 시공 및 유지관리에 관한 설계도서, 내역서 등이 작성되는 절차이다.

수자원공사의 실시 계획 승인 요청 후 '댐건설및주변지역지원등에관한법률' 제8조에 의해 '실시계획 수립 및 공고' 가 진행되고 댐 건설 공사와 보상이 시행된다. 댐은 착공에서 준공까지 통상 5년 이상의 기간이 소요되며 준공된 이후에도 5년 동안 사후환경영향조사를 통해 댐 건설사업에 주변 환경에 미치는 영향을 주기적으로 조사, 보고하도록 되어 있다.

'환경영향평가서작성등에관한규정' 에서는 댐 건설 사업의 대상사업을 만수 면적(200만㎡ 이상) 또는 총저수량(2,000만㎥ 이상) 기준으로 규정하고 있다. 주요 평가항목은 모두 7개 항목으로 자연환경 5개 항목, 생활환경 2개 항목이며, 사회경제환경은 문화재 1개 항목이 있었으나, 2006년 재정된 지침에 의해서 삭제되었다(〈표 3.1〉 참조).

---

13) 실시설계란 기본설계의 결과를 토대로 시설물의 규모, 배치, 형태, 공사방법과 기간, 공사비, 유지관리 등에 관하여 세부조사 및 분석, 비교 · 검토를 통하여 최적안을 선정하여 시공 및 유지관리에 필요한 설계도서, 도면, 시방서, 내역서, 구조 및 수리계산서 등을 작성하는 것을 말한다. 기본설계등에 관한 세부 시행기준(건설교통부, 고시, 제2000-235호).

〈표 3.1〉 댐 개발사업 환경영향평가 대상사업 범위 및 주요 평가항목

<table>
<tr><th>대상사업</th><th>대상사업 범위</th><th>주요 평가항목*</th></tr>
<tr><td>하천 부속물중 댐 또는 하구언</td><td>만수 면적(200만㎡) 이상</td><td rowspan="2">• 기상,지형 · 지질, 동식물, 자연환경자산, 수리 · 수문(자연환경)
• 수질, 토양(생활환경)</td></tr>
<tr><td>농업생산기반시설 중 저수지, 보 또는 유지</td><td>총저수량(2,000만㎥) 이상</td></tr>
</table>

*환경영향평가서작성등에관한규정(환경부고시 제2006-226호)기준에 의한 평가항목임.

2. 댐 건설사업에 대한 전문가 의견

'델파이'는 미국의 랜드연구소의 Kaplan에 의해 제안된 용어로 1950년대 미국 국방성의 요청에 의해 미국이 대규모 원자폭탄 공격을 받았을 경우 예상되는 결과를 평가할 목적으로 개발되었다.

Finsterbusch(1985)는 델파이 기법을 "전문가 그룹의 주관적인 결정의 신뢰도를 최대화하기 위한 기법(technique for maximizing the reliability of the subjective judgements of a group of experts)"로 정의한 바 있다(Barrow, 2000).

댐 건설사업에 대한 전문가의 의견을 수렴하기 위해 활용하는 델파이 기법의 이론 및 방법을 소개하면 다음과 같다.

2.1 델파이기법 이론

델파이기법은 정책 결정이나 사업 기획을 위해 관계 전문가의 의견을 수렴할 목적으로 고안된 조사 방법의 일종이다.

델파이기법의 이론은 확정된 것은 없으며, 진행 절차나 기법은 연구자에 따라 다른 견해를 보이기도 한다. 그러나 이 기법의 특성으로 일반적으로 알려진 것은 첫째, 반복적인 설문절차, 둘째, 익명성(anonymity), 셋째, 통계적 표현이다(Martino, 1993).

델파이기법은 아직 알려지지 않았거나 일정한 합의점에 도달하지

〈표 3.2〉 델파이 기법의 장점과 단점 비교

장 점	단 점
• 한 장소에 모이기 힘든 전문가를 동시에 참여시킬 수 있음.	• 반복적인 설문 수행에 시간 소요 • 참여 전문가의 서술 능력이 필수적임
• 전문가 참여를 통한 정보의 질과 신뢰성 제고	• 참여자의 적극적인 참여 의지가 없을 경우 성과 낮음
• 익명성의 보장으로 인한 자유로운 의견 제시	
• 조사 도중 대략적인 결과 확인 및 판단이 가능	• 설문지의 구성과 결과 분석에 전문 지식이 필요함

못한 내용에 대하여 수차례에 걸친 전문가 의견 조사를 통해 합의된 내용을 얻는데 효과적인 기법이다(이은옥, 1991 ; 최해선, 1998).

델파이기법은 어떠한 목적으로 사용하느냐에 따라 첫째 미지의 값을 예측하는 델파이 둘째, 정책 이슈를 분석하고 대안을 찾기 위한 정책 델파이 셋째, 의사결정도구로 사용되는 의사결정 델파이로 구분한다(오대규, 2000). 델파이기법은 전문가의 의견을 수렴하는데 대면(face-to-face) 조사 방법에 비해 다음과 같은 장점이 있는 것으로 평가된다.

첫째, 익명성을 보장함으로써 객관적인 의견을 제시할 수 있으며 둘째, 반복적인 설문–응답 과정을 통한 '수정 절차'(controlled feedbak)가 있으며 셋째, 전체 의견을 통계적으로 집계해 응답 분포 및 소수 의견을 확인할 수 있다는 점이다(최해선, 1998).

이 연구에 적용하는 델파이기법은 국내외에서 다양한 적용 사례가 있다. 일반적인 장점으로 지적되고 있는 사항은 최해선이 언급하고 있는 바와 같이 여러 전문가 집단의 참여가 가능하며, 익명성이 보장되고, 설문 단계를 통해 의사결정 과정을 파악할 수 있다는 점이다. 반면, 단점으로는 설문 조사하는데 시간이 소요되며 참여자의 자발성과 성실하고 전문적인 답변이 필요하다는 점이다. 이를 정리해 놓은 결과는 〈표 3.2〉과 같다.

델파이기법을 통해 얻고자하는 목적을 달성하기 위해서는 몇 가지 중요한 사항이 있는데 가장 중요한 것은 전문가의 선정이며, 두 번째로는 라운드 횟수의 결정이다(김형수, 1996). 전문가의 선정이 중요한 이유는 델파이기법이 전문가의 직관적 판단을 객관화된 수치로 나타내기 때문이고, 라운드 회수는 델파이기법의 최종 목적이라 할 수 있는 합의 도출이 가능하기 때문이다.

전문가의 수는 작게는 4명으로도 가능하고 작은 그룹일수록 효과적이라는 연구도 있으나(송성진, 윤도근, 1992), 패널의 수가 커질수록 신뢰도가 높아진다는 조사도 있다(최해선, 1998). 그러나 패널의 수가 15명 정도면 별로 차이가 없다는 연구도 있다(이성웅, 1987 ; 최해선, 1998).

델파이 기법에서 또 다른 중요 요소인 라운드 회수의 경우 몇 차례의 라운드를 거치는 것이 가장 합리적인지 결정하는 것이 중요하다. 이는 연구의 '안정도(stability)' 로 표현할 수 있으며 연속적인 라운드 간의 응답의 일치성이라고 정의할 수 있다(최해선, 1998). Schuster(1985)는 설문 응답의 변화는 1~2라운드 사이에서 경우가 가장 크며, 5라운드 이후의 설문은 큰 의미가 없다고 밝히고 있다.

델파이조사의 경우 반복되는 라운드 간의 응답의 일치성이 높을 경우, 그 연구의 안정도가 확보되었다고 할 수 있다. 델파이 기법에서 안정도를 측정하기 위한 방법으로 변이계수(CV : Coefficient of Variation)가 활용된다. 이 연구에서도 라운드의 일치성 즉, 안정도(stability)를 판단하는 방법으로 변이계수를 활용하였다.

델파이기법을 이용한 조사 즉, 델파이 조사의 절차에 대해서는 연구자마다 다소 상이한 의견을 보이고 있다. 예를 들어 Gorden(2003)은 다음과 같은 5단계 절차를 제시하고 있는 반면,

- 1단계 : 참여 전문가의 선정
- 2단계 : 전문가의 의견 회수
- 3단계 : 결과를 정리하고 논점이 엇갈리는 이슈를 정리
- 4단계 : 참여 전문가에게 결과를 보여주고 의견을 다시 받음
- 5단계 : 결과 요약과 재조사

Dunham(1998)의 경우 7단계 절차를 제시하고 있는데, 전문가의 선정, 설문지의 작성, 응답의 분석과 다음 라운드 설문의 작성 및 배부 등에 관해 제시하고 있는 절차는 대체로 유사하다.

- 1단계 : 이슈와 아이디어 수집
- 2단계 : 1차 설문에 대한 응답
- 3단계 : 2차 설문 작성과 발송
- 4단계 : 2차 설문의 회수
- 5단계 : 3차 설문의 작성과 발송
- 6단계 : 조사 절차를 계속 수행
- 7단계 : 결과 도출

전통적인 델파이기법은 4회의 라운드를 통해 문제를 파악하고 이를 평가하는 과정을 거치는데, 제1라운드의 경우 통상 브레인스토밍

을 통해 아이디어를 수집하는 과정으로 활용하며 나머지 라운드는 합의 도출 과정으로 활용한다(오대규, 2000). 제2라운드의 경우 제1라운드를 통해 얻은 응답을 구조화된 설문지로 작성하여 전문가들에게 다시 배포하는 과정이다. 제2라운드에서는 제1라운드에서 조사한 결과를 전문가에게 다시 발송하여 수정할 수 있는 기회를 제공한다. 제3라운드는 앞서 연속적인 라운드를 통해 얻은 결과를 우선 순위별, 빈도수별, 시기별 등 각종 통계적 자료로 정리하는 단계이다. 이러한 라운드를 통한 이 연구에 적용하는 델파이조사를 3단계로 구분해 제시한 결과는 〈표 3.3〉와 같다.

델파이 조사의 라운드 횟수 결정은 합의 도출 과정에서 결정되며 라운드 간의 응답의 일치도를 확인하기 위해 안정도를 측정하게 된다. 연속된 설문조사의 안정도가 확보되었다는 것은 응답의 일관성이 있다는 의미이며, 변이계수를 통해 추가적인 설문의 필요성 여부를

〈표 3.3〉 델파이 조사의 일반적인 절차

단 계	절 차
Ⅰ	• 이슈의 명료화 • 전문가의 선정 • 설문 설계
Ⅱ	• 1차 설문결과 분석 • 후속 설문지 개발 • 2차 설문결과 분석 • 후속 설문지 개발 • 설문결과 분석
Ⅲ	• 결과의 평가 • 요인 분석 • 최종보고서 준비

판단하게 된다. 변이계수는 표준편차를 산술평균으로 나눈 값으로 단위는 없으며 산포도를 비교하는데 사용된다.

변이계수가 0.5 이하인 경우 안정적인 수준으로 판단해 추가적인 설문은 불필요하며, 0.5~0.8일 경우 비교적 안정적인 수준으로 판단하고, 0.8 이상일 경우 안정적이지 못한 수준으로 추가적인 설문이 필요한 것으로 판단한다.

이 연구를 통해서는 설문 응답이 안정적인지 여부를 변이계수 조사를 통해 판단하였으며, 총 3회의 설문조사를 실시하여 결과를 분석하였다. 제1차 설문은 개방형 설문지(brainstorming)를 이용하였으며, 제2차와 제3차 설문지는 5점 척도의 점수로 평가 하도록 하였다. 3차례의 설문조사는 전자우편과 팩스(fax), 우편을 이용하여 실시하였다.

2.2 전문가의 선정

델파이 설문 조사에서 중요하게 고려되어야 할 사항으로 '누가' 전문가이며, 이 전문가들을 '어떻게' 선정하느냐는 것이 중요하게 고려되어야 한다.

이 연구에서 델파이 설문 대상으로 한 전문가의 선정은 판단표본추출방법(judgement sampling)을 이용하였다. 이 방법은 조사자의 판단에 따라 모집단을 전형적으로 대표하는 것으로 판단되는 사례를 표본으로 선정하는 방법으로 조사자가 모집단의 성격에 대해서 잘 알고 있을 경우에 적용하기 좋은 표본 추출 방법이다. 판단표본추출방법은 임의표본추출방법(convenience sampling), 할당표본추출방법(quata sampling), 누적표본추출방법(snowball sampling)과 더불어 비확률적 표본추출방법(nonprobability sampling)의 하나이다.

델파이 설문 대상 전문가들의 선정 기준은 첫째, 해당 분야 전문지식을 갖추고 있어야 하며 둘째, 지역적으로 한 편에 편중되지 않아야 하고 셋째, 합리적이고 객관적인 사고 능력이 있고 넷째, 조사에 열의를 갖고 참여할 수 있어야 한다는 점이다(오대규, 2000; 김진웅, 1999).

이 방법에 따라 선정한 전문가의 수는 모두 30명으로 환경영향평가 전문가 15명, 수자원 전문가 15인으로 구성하였다. 설문 대상자인 전문가의 특성은 〈표 3.4〉에 제시하였다.

〈표 3.4〉 설문조사 대상 전문가의 특성

구분	환경영향평가 전문가	수자원 전문가	계
대학교수	3(18.7)	3(18.8)	6(18.8)
국공립 연구소 연구원	5(31.3)	4(25.0)	9(28.1)
자치단체 공무원	2(12.5)	3(18.7)	5(15.6)
설계시공업체 엔지니어	4(25.0)	4(25.0)	8(25.0)
시민단체(NGOs) 전문가	2(12.5)	2 (12.5)	4(25.0)
계	15(100)	15(100)	30(100)

단위 ; 인(%)

2.3 설문 내용

1차 설문은 브레인스토밍 단계의 개방형 설문으로 2003년 7월 1일부터 7월 31일 약 한 달 동안 전문가들에게 배부한 후 응답 결과를 회수하였다.

설문 내용은 첫째, 댐 건설사업이 지역주민의 반대에 부딪히고 있는 이유는 무엇인지 둘째, 댐 건설사업에 대한 환경영향평가는 어느 단계에 하는 것이 바람직한지 셋째, 댐 건설시 특별히 고려해야 할 사회경제적 요소가 있다면 무엇인지 등이었다. 각각의 질문에 대해 전문가들이 응답한 결과는 답변 유형별로 분류한 뒤 단순 빈도 분석을 하였다. 1차 설문의 응답률은 50%였다.

2차 설문은 1차 설문 응답 결과를 유형별로 분류한 뒤, 환경영향평가서작성등에관한규정(환경부고시 제2001-7호)에서 제시하고 있는 사회경제분야 평가 항목을 토대로 31개 평가 지표를 구성하였다. 평가 지표에 대한 중요도 평점은 '5점' (매우 그렇다), '4점' (그렇다), '3점' (보통), '2점' (그렇지 않다), '1점' (매우 그렇지 않다)과 같이 5점 척도로 응답하도록 하였다.

전문가들이 평점한 결과를 토대로 31개 항목별로 전문가들이 생각하고 있는 평가 지표의 중요도와 순위를 평가하였다. 2차 설문의 회수율은 57%였다. 3차 설문에서는 5점 만점으로 응답한 2차 설문 조사의 결과를 제시하여 전문가들이 응답 결과를 확인할 수 있도록 하고, 평균 점수와 다른 견해를 갖고 있을 경우 점수를 다시 수정할 수 있도록 하였다. 3차 설문의 회수율은 60%로써, 30인 전문가 중 18인이 응답한 결과가 2차 설문 때의 응답 결과와 어느 정도 일관성을 유지하고 있는 지 판단하기 위해 '변이계수'를 분석하였다. 델파이 조사에서는 일반적으로 변이계수가 0.5 이하의 경우에는 응답의 안정도가 높으므로 추가적인 설문이 필요하지 않은 것으로 판단한다. 모두 3차례에 걸쳐 시행한 전문가 설문조사의 개요는 〈표 3.5〉에 제시하였다.

〈표 3.5〉 1~3차 설문조사 개요

구분	항목	내용
1차	조사 시기	2003년 7월 1일~2003년 7월 31일
	설문 내용	주민들의 댐 건설 반대 이유 등
	회수율	50%(30부 배부, 15부 회수)
	평가 방식	주관식 서술 결과를 정성적으로 평가
2차	조사 시기	2003년 8월 10일~2003년 9월 10일
	설문 내용	사회경제분야 평가지표 31개 항목의 중요도
	회수율	57%(30부 배부, 17부 회수)
	평가 방식	중요도에 따라 5점 척도로 평가
3차	조사 시기	2003년 10월 20일~2003년 11월 10일
	설문 내용	2차 설문결과 점수 확인 및 수정
	회수율	60%(30부 배부, 18부 회수)
	평가 방식	설문 응답의 안정도를 변이계수로 평가

3. 댐 건설사업과 환경영향평가

설문 결과는 설문 형식별로는 1차에 시행한 '주관식 설문' 과 2~3차의 '구조화된 설문' 으로 구분되며, 내용별로는 1) 댐 건설사업에 대한 반대 이유 2) 바람직한 영향평가 단계 3) 중요하게 평가해야 할 항목 4) 평가지표별 중요도와 순위 등 4개 부문으로 구분할 수 있다. 이 가운데 댐 건설 반대 이유, 바람직한 영향평가 단계, 중요하게 평가해야 할 항목 등은 1차 설문의 결과이며 '평가지표별 중요도와 순위' 는 2~3차 설문의 결과이다.

댐 건설사업에 대한 지역주민 및 시민단체의 반대 이유가 무엇이냐는 질문에 대해 전문가들은 "지역사회 및 경제에 미치는 부정적 영향"(13명)을 가장 많이 지적했으며, 이어 "자연환경 변화에 따른 환경피해"(11명), "재산권 행사의 불리"(6명) 순으로 꼽았다. 전문가들은 "보상을 높게 받기 위하여"(3명)와 "교통불편 등 생활상 불편 요인 증가"(3명)를 지역주민 및 시민단체들이 댐 건설을 반대하는 이유로 생각하고 있었다(〈표 3.6〉).

"지역이기주의"(2명)와 "댐 건설사업에 대한 설득 능력 부족"(2명), "댐 건설 지역에 대한 지원제도 미비"(2명)에 대한 응답에 이어 소수이긴 했으나 "댐 안전성에 대한 우려"(1명)와 "수혜지역과 피해지역의 형평성 문제"(1명)를 제기한 전문가도 있었다.

댐 건설사업에 대해서는 자연환경과 사회경제환경에 미치는 부정적 영향이 지역주민 및 시민단체가 반대하는 가장 중요한 이유로 생각하고 있었으나 "보상을 높게 받기 위하여"나 "지역이기주의"와 같은 부정적 요인을 지적한 전문가도 있었다.

〈표 3.6〉 댐 건설사업에 대한 지역주민 및 시민단체의 반대 이유

순위	이 유	응답자수*	근 거
1	지역사회 및 경제에 미치는 부정적 영향	13	수몰지역의 발생으로 인한 인구의 감소, 토지면적의 감소, 토지이용 규제 강화, 지방재정의 감소 등.
2	자연환경 변화에 따른 환경피해	11	담수로 인한 수질오염, 수생태계의 변화, 안개 발생 일수 증가 등.
3	재산권 행사의 불리	6	수몰지에 편입되는 재산권 등 대물보상 위주의 손실보상, 생활권의 보장체계 미흡 등.
4	보상을 높게 받기 위하여	3	수몰지역의 경우 보상금을 좀더 많이 받기 위한 목적 등.
4	교통불편 등 생활상 불편 요인 증가	3	도로 노선 단절, 통학 불편 등 일상생활 불편 요인의 증가 등.
6	지역 이기주의	2	소지역주의적인 님비현상 때문.
6	댐 건설사업에 대한 설득 능력 부족	2	지역주민 및 환경단체를 설득할 수 있는 논리 및 설득력의 부족.
3	재산권 행사의 불리	6	댐건설및주변지역지원등에관한법률 등에 의해 지원범위가 확대되고 있으나 지역사회의 요구에 미치지 못함.
9	댐 안전성에 대한 우려	1	하류지역 주민들의 댐 안전성에 대한 불안감 때문.
3	재산권 행사의 불리	6	하류지역은 홍수조절, 용수공급 등 수혜를 누리나 상류지역은 각종 규제와 생활불편 사항 증대 등.

* : 중복 응답수임.

3.1 바람직한 영향평가 단계

댐 건설사업의 바람직한 환경영향평가 단계는 어느 단계냐는 질문에 대해서는 응답 전문가의 절반 이상(8명)이 '댐건설장기계획' 을 꼽았다. 전문가들은 그 이유로 기본계획이나 실시설계 단계는 사실상 사업계획이 확정되는 단계이기 때문에 환경에 미치는 악영향의 저감을 위한 협의가 어려우므로 '계획 단계' 에 평가하는 것이 바람직하다는 의견을 보였다. '기본계획 및 설계단계' 라고 응답한 전문가(4명)는 상위 계획 단계보다는 댐 건설 위치, 규모, 형식 등 기본적인 틀이 구체화되는 기본계획 단계에서 환경영향평가를 수행하는 것이 현실

〈표 3.7〉 댐 건설사업에 대한 바람직한 환경영향평가 단계

순위	시 기	응답 자수*	이유
1	댐건설장기계획	8	기본계획이나 실시설계 단계에 환경영향평가 협의가 어려운 현실이므로 기본계획 단계 이전의 계획 단계에 평가하는 것이 바람직함.
2	기본계획 및 설계 단계	4	댐 건설 위치, 규모, 형식 등 기본적인 틀이 구체화 되는 기본계획 단계에서 평가를 수행하고, 설계 단계시 저감대책을 반영하는 것이 이상적임.
3	수자원정책 단계	2	수자원 수요 예측에 근거해 꼭 필요한 댐이지 여부를 결정하는 단계에 실시하는 것이 바람직하나, 댐 건설이 구체화되지 않은 상태이므로 기술적으로 평가하기 어려움이 있음.
4	수자원정책 및 댐 건설계획 단계	1	전략환경평가는 수자원정책 단계에 도입하고 환경영향평가는 댐 건설계획 단계에 적용하는 것이 이상적임.
계		15	

* : 중복 응답수임.

적이고, 설계 단계에 저감대책을 반영하는 것이 이상적이라는 견해를 보였다(〈표 3.7〉).

전문가들은 댐 건설사업의 경우, 계획이 구체화되지 않은 상위 정책 단계보다는 계획 또는 프로젝트 단계와 같이 사업계획이 구체화된 단계에서 환경영향평가를 하는 것이 바람직하다는 의견을 가진 것으로 나타났다. 소수이긴 했으나 전략환경평가는 수자원정책 단계에 도입하고 환경영향평가는 댐 건설계획 단계에 적용하는 것이 이상적이라는 의견도 있었다.

3.2 중요하게 평가해야 할 항목

중요하게 평가해야 할 사회경제 분야 항목이 무엇이냐는 질문에 대해 가장 응답률이 높은 항목은 〈표 3.8〉에 정리된 것과 같이 '산업'(13명)으로 전체 응답율의 44%였으며, 이어 '인구'(6명), '주거'(5명), '교통'(4명) 순이었다. '공공시설'(1명)과 '지역문화'(1명)에 대한 응답자는 소수였으며, 중요하게 평가해야 할 항목으로 '교육'을 꼽은 전문가는 없었다.

중요하게 평가해야 할 사회경제 분야 항목에 대한 응답 결과는 '산업', '인구', '주거' 등 3개 항목의 응답자수가 24명으로 전체의 80%를 차지했다. 이를 통해 볼 때 전문가들은 댐 건설이 지역사회에 미치는 사회경제적 영향으로 '산업'과 같은 경제적 요인을 가장 중요하게 생각하고 있는 것으로 나타났으며, 이어 수몰 지역 발생에 따른 '이주민의 발생', '이주단지 문제' 등 사회적 요인을 중요하게 생각하고 있었다.

〈표 3.8〉 중요하게 평가해야 할 사회경제 분야 항목

순위	항 목	응답 자수*	이유
1	산 업	13	농업을 생계로 한 농가의 전업(轉業) 과정상 어려움, 수질오염 유발 사업의 입지 규제 등이 지역사회에 미치는 영향이 중요하므로.
2	인 구	6	수몰 이주민의 발생, 지역 인구의 감소, 노령화 비율증가 등이 중요하므로.
3	주 거	5	집단 이주단지의 확보, 이주 인구의 재배치 문제 중요성 때문에.
4	교 통	4	도로 등 접근 방법의 확충, 인구의 역외 유출 방지에 중요한 요인이므로.
5	공공시설	1	댐 주변지역 공공시설의 감소 등으로 인한 생활불편이 발생하므로.
6	지역문화	1	전통적 생활 터전의 상실, 지역 공동체의 파괴 문제 등이 심각하므로.
	계	30	

* : 중복 응답수임.

〈그림 3.2〉 중요하게 평가해야 할 사회경제 분야 항목 응답 비율

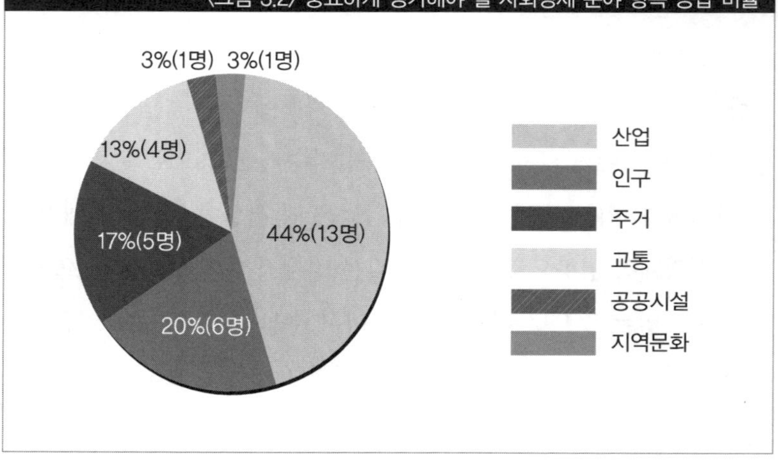

4. 평가지표별 중요도와 순위

댐 사업 순서로 볼 때 '계획' 이 먼저이고 그 다음 '사업' 순이나, 이 절에서는 사업단계와 관련이 있는 환경영향평가를 먼저 서술해 다양한 평가지표를 살펴본 후 계획 단계의 평가 결과를 제시한다.

4.1 계획단계 : 예비타당성조사

댐 건설사업의 〈경제성 분석〉 분야는 일반적으로 '물 수급 수요의 추정' , '댐 개발로 인한 편익의 추정 ', ' 재무적 타당성 분석 ' 등 6개 항목으로 구성되며 〈정책적 분석〉 분야도 ' 관련 계획과의 일치성 평가 ', ' 지역경제 파급 효과 ', ' 환경성평가 ' 등 6개 항목으로 구성된다. 〈경제성 분석〉과 〈정책적 분석〉 2개 분야 12개 지표를 대상으로 전문가 설문 조사를 한 결과는 〈표 3.9〉와 같다.

예비타당성조사의 정책성 및 경제성 평가항목의 점수는 경제성 분석 항목인 '물수급 수요의 추정' (4.83점)이 가장 높은 점수를 얻었으며, 정책성 분석 항목으로는 '사전환경성 평가' 가 4.69점으로 두 번째 순위를 기록하였다.

전체적으로는 '댐 개발로 인한 편익의 추정' (4.41점), '비용 · 편익 분석' (4.15점), '민감도 분석' (4.00점), '재무적 타당성 분석' (3.85점) 등 경제성 지표가 정책성 분석 지표보다 높은 점수를 보여, 전문가들

〈표 3.9〉 예비타당성조사 평가항목 중요도 순위 및 점수

순위	평가지표	평균	표준편차	변이계수	95% 신뢰하한	95% 신뢰하한
1	물수급 수요의 추정*	4.83	0.14	0.03	4.76	4.91
2	사전 환경성 평가	4.69	0.24	0.05	4.57	4.82
3	지역경제 파급효과	4.44	0.23	0.05	4.32	4.56
4	댐개발로 인한 편익의 추정*	4.41	0.6	40.15	4.08	4.74
8	공사비, 용지보상비 등 비용분석*	4.16	0.35	0.08	3.98	4.34
5	비용 · 편익 분석*	4.15	0.36	0.09	3.96	4.33
7	관련 계획과의 일치성	4.09	0.32	0.08	3.92	4.25
6	민감도 분석*	4.00	0.39	0.10	3.80	4.20
9	재무적 타당성 분석*	3.85	0.29	0.07	3.70	4.00
10	재원조달 계획	3.83	0.30	0.08	3.67	3.98
11	국고지원의 적합성	3.51	0.46	0.13	3.27	3.74
12	지역 낙후도 평가	3.39	0.53	0.16	3.12	3.66

주 : *표는 '경제성 분석'의 평가지표를 나타냄.

은 댐 건설 계획을 평가할 경우 정책적인 측면보다는 경제적인 측면을 좀더 중요하게 생각하고 있는 것으로 나타났다.

〈정책적 분석〉 분야는 '사전 환경성 평가', '지역경제 파급 효과', '관련 계획과의 일치성 평가' 등 6개 항목으로 구상되어 있으며, 〈경제성 분석〉 분야는 '물 수급 수요의 추정', '댐 개발로 인한 편익의 추정', '재무적 타당성 분석' 등 6개 항목으로 구성되어 있다.

전문가들의 응답을 분석한 결과 경제성 분야의 점수는 4.23, 정책성 분야의 점수는 3.99점으로 경제성 분야에 대한 중요도를 0.24점 더 높게 평가한 것으로 나타났다. 예비타당성조사 단계에서의 사전 환경성 평가와 같은 환경적 측면의 검토는 환경영향이 해당사업의 추

진 여부에 결정적인 영향을 미칠 수 있는 댐 건설사업의 경우 필수적인 절차이다. '사전환경성평가' 항목의 경우 4.69점으로 정책성 평가 항목 중에서는 가장 높은 점수를 보여, 전문가들은 댐 건설 계획의 경우 환경적 측면의 고려가 매우 중요한다는 견해를 보였다(〈표 3.10〉).

그러나 대형 국책사업에 대한 예비타당성조사를 수행하고 있는 한국개발연구원 공공투자관리센터는 짧은 시간에 적은 비용으로 수행해야 하는 부담 때문에 환경적 측면을 내실 있게 평가를 하기 어렵다는 문제점을 제기하고 있다.

정책성 평가 항목인 '국고지원의 적합성'(3.51점)과 '지역 낙후도 평가'(3.39점)는 12개 지표 가운데 가장 낮은 수준을 기록해 댐 건설

〈표 3.10〉 예비타당성조사의 평가분야별 점수

구분	평가지표	점수*	평균
정책성	사전 환경성 평가	4.69	3.99
	지역경제 파급효과	4.44	
	관련 계획과의 일치성	4.09	
	재원조달 계획	3.83	
	국고지원의 적합성	3.51	
	지역 낙후도 평가	3.39	
경제성	물수급 수요의 추정	4.83	4.23
	개발로 인한 편익의 추정	4.41	
	공사비, 용지보상비 등 비용분석	4.16	
	비용 · 편익 분석	4.15	
	민감도 분석	4.00	
	재무적 타당성 분석	3.85	

주 : *표는 '경제성 분석'의 평가지표를 나타냄.

〈그림 3.3〉 예비타당성조사 평가항목별 중요도 순위 및 점수

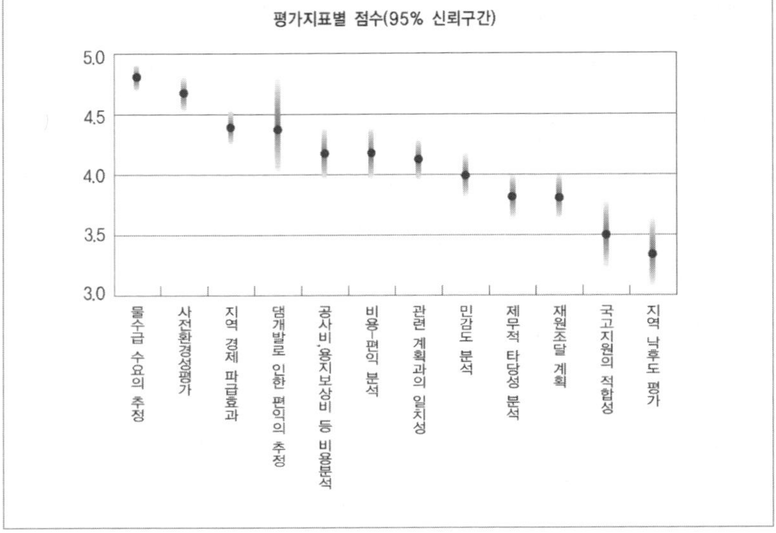

사업에 있어서 중요도가 높지 않은 지표로 꼽혔다.

중요도가 높게 가장 높게 나타난 '물 수급 수요의 추정'과 '사전환경성검토'의 변이계수는 0.03, 0.05로 응답의 일치도가 높은 편이었으나, 최하위 2개 항목의 경우 이 보다 응답의 일치도가 낮은 편이었다. 그러나 전체 응답의 변이계수는 0.5 이하 수준으로써 더 이상의 추가 설문은 필요하지 않은 정도의 일치도를 보였다.

댐 건설사업에 대한 예비타당성조사의 한 절차로 '사전환경성평가'를 할 경우 어떤 항목과 어떤 지표로 하는 것이 바람직한 지에 대한 설문에 대해 전문가들은 '이주민 발생수'(4.93점)를 꼽아 환경영향평가시 중요하게 고려해야 할 평가지표와 동일한 응답 결과를 보였다. 반면 환경영향평가에서 매우 중요하다고 응답한 '문화재'의 경우

〈표 3.11〉 평가지표별 중요도 순위 및 점수(계획단계–예비타당성조사)

순위	평가지표	평균	표준편차	변이계수	95% 신뢰하한	95% 신뢰하한
1	이주민 발생수	4.93	0.16	0.03	4.84	5.01
2	인구현황	4.78	0.39	0.08	4.58	4.98
3	산업구조	4.41	0.71	0.16	4.05	4.78
4	지역 총생산액	4.32	0.81	0.19	3.90	4.73
5	교육환경	4.27	0.65	0.15	3.94	4.61
6	인구 증가율	4.02	0.60	0.15	3.72	4.33
7	도로 현황	3.98	0.61	0.15	3.66	4.29
8	도로 이용률	3.98	0.59	0.15	3.67	4.28
9	공공시설 분포 현황	3.92	0.39	0.10	3.72	4.12
10	교육시설 현황	3.85	0.40	0.10	3.65	4.06
11	문화재 분포 현황	3.83	0.83	0.22	3.40	4.26
12	편의시설	3.82	0.39	0.10	3.62	4.02
13	응급 의료기관 접근성	3.79	0.44	0.12	3.57	4.02
14	대중교통 수단 유무	3.68	0.48	0.13	3.43	3.93
15	문화재 보호구역 지정 여부	3.67	0.93	0.25	3.20	4.15
16	주택 보급률	3.18	0.38	0.12	2.98	3.37
17	제조업 종사자 비율	3.09	0.30	0.10	2.93	3.24

'문화재 분포 현황' (3.83점), '문화재 보호구역 지정 여부' (3.67점)가 "약간 중요한 수준" 정도의 응답을 보여 차이를 보였다.

전문가들이 설문 과정을 통해 제안한 12개 사회경제분야 평가지표 가운데 10개 지표 모두 3.5점 이상의 점수를 보여 "약간 중요"하거나 "매우 중요"한 수준의 응답을 보인 반면, '주택보급률' (3.18점)과 '제조업 종사자 비율' (3.09점)은 "보통" 정도의 중요도를 보였다. 평가

〈그림 3.4〉 평가지표별 중요도 순위 및 점수(계획단계-예비타당성조사)

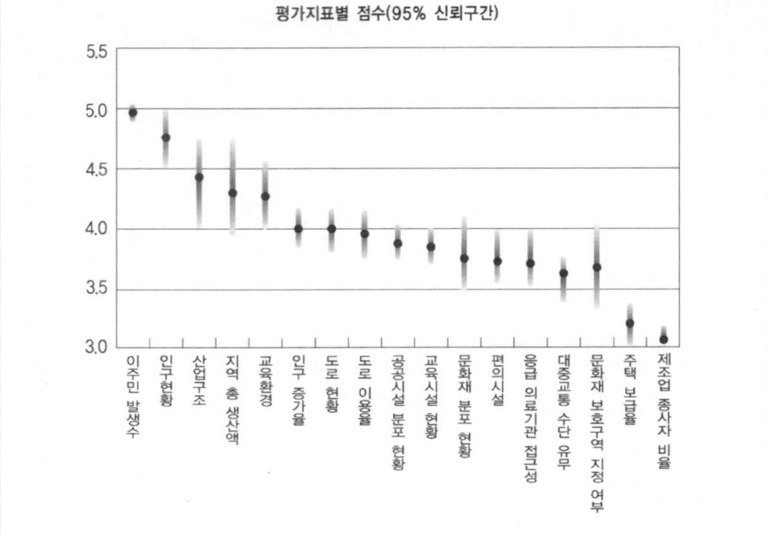

지표의 중요도를 평가 항목별로 분류한 결과 '인구' 항목이 4.40점으로 가장 높은 점수를 보였으며, 주거(4.06점) 및 교육(4.06점), 산업(3.94점)이 그 다음 순위를 기록하였다.

예비타당성조사 평가지표는 대체로 '환경영향평가서작성등에관한규정' 에 제시된 환경영향평가의 사회경제분야 평가지표와 유사하나, '편의시설' 과 '응급의료기관의 접근성' 과 같은 새로운 지표도 중요한 수준의 응답을 보였다. 이는 댐 건설사업의 경우 교통 단절로 인한 일상생활의 불편함이 발생하는 바, 이를 지표에 포함시켜야 한다는 의견으로 해석된다.

〈표 3.12〉 평가 항목별 평가지표의 구성(계획단계-예비타당성조사)

항목	평가지표	점수*	평균
인 구	인구 현황	4.78	4.40
	인구 증가율	4.02	
주 거	이주민 발생수	4.93	4.06
	주택 보급률	3.18	
산 업	산업구조	4.41	3.94
	지역 총생산액	4.32	
	제조업 종사자 비율	3.09	
교 육	교육환경	4.27	4.06
	교육시설 현황	3.85	
교 통	도로 현황	3.98	3.88
	도로 이용률	3.98	
	대중교통 수단 유무	3.68	
공공시설	공공시설 분포 현황	3.92	3.84
	편의시설	3.82	
	응급 의료기관 접근성	3.79	
문화재	문화재 분포 현황	3.83	3.75
	문화재 보호구역 지정 여부	3.67	

4.2 사업단계 : 환경영향평가

'산업', '인구', '주거' 등이 평가 항목이라면 평가지표는 각각의 항목을 정량화하여 상호 비교할 수 있는 지표로 모두 31개로 구성해 전문가가 생각하는 중요도와 점수를 평가했다. 평가지표에 대한 중요도 평가는 '매우 중요'(5점), '중요'(4점), '보통'(3점), '중요치 않음'

(2점), '매우 중요치 않음' (1점)과 같은 5점 척도로 한 후 응답 결과를 분석하였다.

총 31개 평가지표 중 28개 지표는 '환경영향평가서작성등에관한규정' 에서 제시되고 있는 지표이며, 나머지 3개 지표는 1차 설문에서 전문가들이 지표로 활용할 것을 제안한 '지역공동체 문화', '피아노-미술학원 등 사교육시설', '범죄 발생률' 등이다. 2차 설문을 통해 전문가들이 5점 척도로 평가한 결과를 3차 설문을 통해 한 차례 수정 절차를 거친 후, 최종 집계한 평가지표별 평점 결과는 〈표 3.13〉과 같다.

결과에서 보듯이 전문가들은 댐 건설사업의 경우 가장 중요하게 평가해야 할 사회경제분야 평가지표로 '이주민 발생수' (4.86점)를 꼽았다. 이어 '인구 현황' (4.30점), '문화재보호구역 지정 여부' (4.16점), '문화재 분포 현황' (4.14점), '산업구조' (4.06점), '지역공동체 문화' (4.06점), '산업별 취업인구' (4.00점), '도로 교통량' (4.00점), '교육시설 현황' (3.97점), '도로망 현황' (3.89점) 등을 중요하게 생각하는 것으로 나타났다.

전문가들이 중요도를 높게 평가한 상위 10개 지표 가운데 '문화재' 관련 지표가 3개로 가장 많았으며, '산업' 이 2개, '교통' 이 각각 2개였고 '주거' 와 '인구', '교육' 항목 관련 지표가 각각 1개씩 포함되었다. 10위 안에 평가지표가 포함되지 않은 항목은 '공공시설' 뿐이었다.

특히 '환경영향평가서작성등에관한규정' 에는 포함되어 있지 않은 '지역공동체 문화' 에 대해 전문가들은 '중요한 수준' (4.06점)으로 평가하고 있어, 댐 건설사업시 유형의 문화재뿐만 아니라 무형의 공동체 문화역시 중요하게 평가해야 함을 시사하는 결과로 해석할 수 있다.

중요도 순위 11~20위권의 중위권 지표 중에서는 '인구 증감' (3.82

〈표 3.13〉 평가지표별 중요도 순위 및 점수(사업단계-환경영향평가)

순위	평가지표	평균	표준편차	변이계수	95% 신뢰하한	95% 신뢰하한
1	이주민 발생수	4.86	0.25	0.05	4.74	4.98
2	인구 현황	4.30	0.42	0.10	4.10	4.51
3	문화재보호구역 지정 여부	4.16	0.34	0.08	4.00	4.32
4	문화재 분포현황	4.14	0.30	0.07	4.00	4.29
5	산업구조	4.06	0.44	0.11	3.85	4.28
5	지역공동체 문화*	4.06	0.44	0.11	3.85	4.27
7	산업별 취업인구	4.00	0.27	0.07	3.87	4.13
7	도로 교통량	4.00	0.60	0.15	3.71	4.29
9	교육시설 현황	3.97	0.2	60.06	3.84	4.09
10	도로망 현황	3.89	0.47	0.12	3.66	4.11
11	인구 증감	3.82	0.43	0.11	3.62	4.03
12	산업규모 및 생산액	3.80	0.38	0.10	3.61	3.98
13	산업배치 현황	3.76	0.46	0.12	3.54	3.98
14	교육환경	3.72	0.40	0.11	3.52	3.91
15	대중교통수단 운영	3.66	0.32	0.09	3.51	3.82
16	가구 및 주택보급률	3.63	0.61	0.17	3.33	3.92
17	주거환경의 적절성	3.54	0.28	0.08	3.40	3.67
18	피아노-미술학원등 사교육시설*	3.51	0.57	0.16	3.23	3.78
18	산업진행계획	3.5	10.47	0.14	3.28	3.74
20	공공시설 분포 현황	3.42	0.29	0.09	3.28	3.56
21	인구구성	3.40	0.44	0.13	3.19	3.61
21	통학수단	3.40	0.40	0.12	3.20	3.60
23	교통시설물 및 운영체계	3.28	0.35	0.11	3.11	3.45
24	공공시설 이용실태	3.26	0.36	0.11	3.09	3.44
25	주택의 소유현황	3.19	0.57	0.18	2.92	3.47
26	공공시설 수용능력	3.15	0.33	0.10	3.00	3.31
27	도로 수용용량 대비 실제이용률	2.95	0.43	0.15	2.74	3.16
28	주택의 형태 및 구조	2.81	0.18	0.06	2.73	2.90
29	주차시설	2.66	0.25	0.09	2.54	2.79
30	차량보유 현황	2.53	0.28	0.11	2.39	2.67
31	범죄 발생률*	2.40	0.63	0.26	2.09	2.70

주 :* 표시한 지표는 전문가의 추천으로 포함시킨 지표임.

점)이 '중요한 수준' 으로 나타난 반면 '공공시설 분포 현황' (3.42점)은 '보통 수준' 이었다. '산업' 관련 지표는 '산업 규모 및 생산액', '산업배치 현황', '산업진행계획' 등 3개 지표가 포함되었는데, 3.51~3.80점 수준으로 '약간 중요' 하거나 '중요한 수준' 이었다. '산업' 관련 지표 모두는 20위권 이내에 있었다.

'교육' 관련 지표는 '교육환경' (3.72점), '피아노-미술학원 등 사교육시설' (3.51점) 등 2개 항목이 포함되었으며, '주거' 항목으로는 '가구 및 주택보급률' (3.63점)과 '주거환경의 적절성' (3.54점)이 '약간 중요한 수준' 의 응답을 보였다. '교통' 관련 지표로 '대중교통수단 운영' (3.66점)도 비슷한 수준이었다.

중요도 순위 21위에서 31위까지의 지표 중에서 '인구 구성' (3.40점), '통학 수단' (3.40점), '교통시설물 및 운영체계' (3.28점), '공공

〈그림 3.5〉 평가지표별 중요도 순위 및 점수(사업단계-환경영향평가)

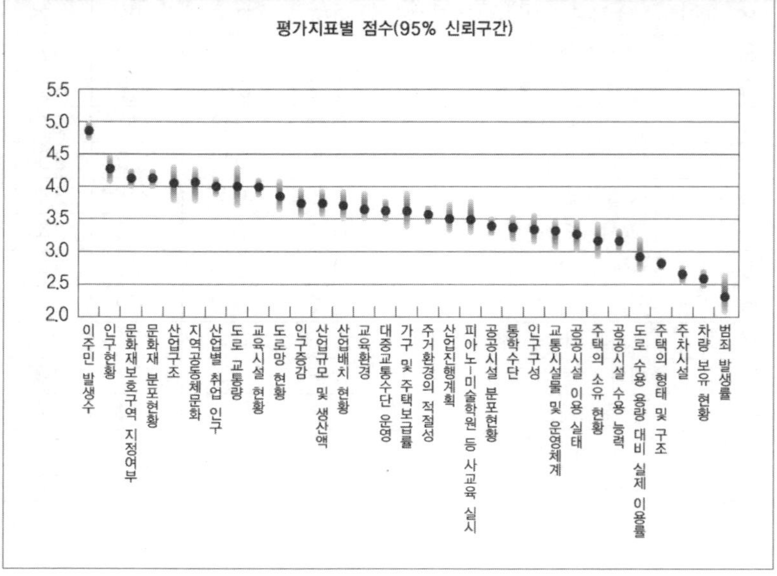

시설 이용실태'(3.26점) 등이 '약간 중요한' 수준이었고, '범죄 발생률'(2.40), '차량 보유현황'(2.53점), '주차시설'(2.66점)은 낮은 점수를 보였다.

〈표 3.14〉 평가 항목별 평가지표의 구성(사업단계-환경영향평가)

항 목	평가지표	점 수	평 균
문화재	문화재 보호구역 지정 여부	4.16	4.12
	문화재 분포 현황	4.14	
	지역 공동체 문화	4.06	
인 구	인구현황	4.30	3.84
	인구증감	3.82	
	인구구성	3.40	
산 업	산업구조	4.06	3.83
	산업별 취업인구	4.00	
	산업규모 및 생산액	3.80	
	산업배치 현황	3.76	
	산업진흥계획	3.51	
교 육	피아노-미술학원 등 사교육 시설	3.51	3.65
	교육시설 현황	3.97	
	교육환경	3.72	
	통학수단	3.40	
주 거	이주민 발생수	4.86	3.61
	가구 및 주택보급률	3.63	
	주거환경의 적절성	3.54	
	주택의 소유 현황	3.19	
	주택의 형태 및 구조	2.81	
교 통	도로 교통량	4.00	3.28
	도로망 현황	3.89	
	대중교통수단 운영	3.66	
	교통시설물 및 운영체계	3.28	
	도로 수용 용량 대비 실제 이용률	2.95	
	주차시설	2.66	
	차량 보유 현황	2.53	
공공시설	공공시설 분포 현황	3.42	3.06
	공공시설 이용 실태	3.26	
	공공시설 수용 능력	3.15	
	범죄 발생률	2.40	

'주거' 항목의 지표인 '주택의 소유현황'(3.19점)과 '주택의 형태 및 구조'(2.81점)는 중요도가 가장 높았던 '이주민 발생수'와 달리 '보통' 수준이었다.

설문 응답 점수의 산포(散布) 정도를 나타내는 표준편차는 0.2~0.5 수준이었으며, 응답 결과가 어느 정도의 일관성을 판단하기 위한 '변이계수'는 0.2 이하 수준으로 '안정적'이었다.

변이계수는 표준편차를 평균으로 나눈 값으로서, 델파이 조사에서는 일반적으로 변이계수가 0.5 이하의 경우에는 응답의 안정도가 높은 것으로 판단한다. 이 설문조사에서도 이러한 안정도 판단 기준에 의해 3차 설문 결과를 해석했으며, 추가적인 설문을 시도하지는 않았다.

앞서 31개 평가지표를 순위별로 살펴본 것과 달리 항목별로 분석한 결과, 중요도 점수가 가장 높은 항목은 '문화재'(4.12점)로 3개 지표 모두 4점 이상이었다. 이어 '인구'(3.84점), '산업'(3.83점), '교육'(3.65점), '주거'(3.61점), '교통'(3.28점)이었으며 '공공시설'(3.06점)은 가장 낮은 점수를 보였다. '주거' 항목의 경우 평가지표로는 가장 높은 점수를 기록한 '이주민 발생수'(4.86점)가 포함되어 있으나, 가구 및 주택 관련 평점이 그다지 높지 않아 평균 점수로는 7개 항목 중 5번째 순위를 기록했다.

이 결과는 1차 주관식 설문 때의 중요도 순위인 산업-인구-주거-교통-공공시설-지역문화(문화재)와는 다른 결과이다. '교통'과 '공공시설' 항목의 상대적인 중요도가 낮은 것은 반복적인 설문을 통해 일치하나 '문화재'의 경우 1차 설문 때는 가장 낮게 평가된 반면, 2~3차 설문 때에는 그 반대의 결과를 보였다. '교육' 역시 1차 설문 때 "중요하게 평가해야 할 항목"이라고 응답한 전문가가 없었으나 2~3차 설문을 통해서는 '약간 중요한 수준'(3.65점)으로 나타났다.

이러한 결과는 전문가의 직관적인 판단과 지표를 통한 정량적 평가가 서로 달리 나타날 수 있음을 보여주는 예이나, '항목'과 '지표'의 범위와 개념을 자의적으로 해석하는데서 오는 차이로도 보인다. 실제로 1차 설문 때 '수몰 이주민의 발생'을 '인구' 문제로 해석한 전문가도 있으나, '환경영향평가서작성등에관한규정'에서는 '주거' 항목으로 분류된 평가지표이다. '산업'과 '인구'는 전문가들이 1~3차 설문을 통해 그 중요성을 일관성 있게 높게 평가한 항목으로 '수몰 이주민의 발생' 문제와 함께 중요하게 평가해야 할 분야로 판단된다.

4.3 사회영향평가 평가지표

델파이조사를 통해 댐 건설사업의 사회영향평가 지표를 조사한 결과, 3.5점 이상의 점수를 얻은 지표의 수는 환경영향평가의 경우 31개 항목 가운데 19개, 예비타당성조사는 12개 항목 가운데 10개였다. 사회경제 분야 평가 항목 7개를 기준으로 할 경우 환경영향평가의 경우 1개 항목당 2.7개 지표, 예비타당성조사의 경우 1개 항목당 1.4개 지표로 구성되는 셈이다. 평가 항목별 지표의 구성을 비교해 놓은 결과는 〈표 3.15〉과 같다.

이들 지표는 전문가들이 "약간 중요"한 정도 이상의 중요성을 지닌 지표라고 할 수 있으며, 단일 지표로는 '이주민 발생수'가 계획 단계와 사업 단계 모두에서 가장 중요한 지표로 꼽혔다. 이러한 결과는 수몰 이주민의 발생을 동반하는 댐 건설사업의 특성을 반영한 결과로 보인다.

〈표 3.15〉 사회영향평가 평가항목별 평가지표 구성의 비교

항 목	평가지표	단계별	
		계획 단계	사업 단계
인 구	인구 현황	+++++	+++
	인구 증감(증가율)	+++	+++
	인구 구성		+
주 거	이주민 발생수	+++++	+++++
	가구 및 주택보급률	+	+++
	주거환경의 적절성		+++
	주택의 소유 현황		+
	주택의 형태 및 구조		+
산 업	산업구조	+++	+++
	산업별 취업인구		+++
	산업규모 및 생산액(지역총생산액)	+++	+++
	산업배치 현황		+++
	산업진흥계획		+++
	제조업 종사자 비율	+	
교 육	교육시설 현황	+++	+++
	교육환경	+++	+++
	통학수단		+
	피아노-미술학원 등 사교육 시설		+++
교 통	도로 교통량	+++	+++
	도로망 현황		+++
	대중교통수단 운영	+++	+++
	교통시설물 및 운영체계		+
	도로 이용률	+++	+
	주차시설		+
	차량 보유 현황		+
공공시설	공공시설 분포 현황	+++	+
	공공시설 이용 실태		+
	공공시설 수용 능력		+
	편의시설	+++	
	응급 의료기관 접근성	+++	
	범죄 발생률		+
문화재	문화재 보호구역 지정 여부	+++	+++
	문화재 분포 현황	+++	+++
	지역 공동체 문화		+++

주 : +++++(매우중요: 4.50점 이상), +++(중요: 3.50점 이상~4.50점 미만),
+(보통: 3.50점 미만)

댐 건설사업의 경우 수몰지역의 발생과 관련이 깊은 '인구 현황', '인구 증가율'과 같은 '인구' 항목 그리고 '문화재 보호구역 지정 여부', '문화재 분포 현황'과 같은 '문화재' 항목의 중요도가 높게 나타났다. 그러나 '인구' 항목 중에서 '인구 구성'이나 '주거' 항목의 '주택의 소유 현황', '주택의 형태 및 구조'와 같은 지표는 중요도가 높지 않게 나타났다. '통학수단'이나 '주차시설', '차량보유 현황', '공공시설 수용능력', '범죄 발생률'과 같은 지표역시 중요도가 높지 않은 지표였다.

'공공시설'의 경우 사업 단계인 '환경영향평가'에서는 중요도가 낮게 평가된 것과 달리 계획 단계에서는 '편의시설', '응급 의료기관의 접근성'과 같은 편의성 시설의 중요도는 높게 평가되었다.

'문화재' 항목은 주로 유무형의 지정 문화재가 평가 대상이 되었으나 '지역 공동체 문화'에 대한 중요도를 높게 평가한 전문가도 적지 않았다. 전문가의 이런 응답은 과거 댐 건설사업에 따른 문제점으로 지적되어온 사항 즉, 수몰 이주민이 고향을 잃은 상실감, 전통적 가치의 변화, 새롭게 조성된 환경에 대한 적응문제, 마을 공동체의 일체감 와해 등과 같은 시의성 높은 사항을 평가지표로 반영하는 것이 바람직하다는 견해로 해석된다.

1~3차 설문조사를 통해 인구, 산업, 주거 3개 항목에 대한 중요도 응답이 일관성을 보이고 있으나 문화재의 경우 1차 설문 결과와 2~3차 설문 결과가 다르게 나타나 문화재를 사회경제 분야 항목의 하나로 다룰 것인지, 독립적인 항목으로 다룰 것인지에 대한 통일된 기준의 부재가 전문가의 응답에도 영향을 미친 것으로 생각된다.

〈표 3.16〉과 〈그림 3.6〉에서 보듯이 문화재의 경우 사업단계에서는 4.12점으로 가장 높은 점수를 보이고 있으나 계획단계에서는 3.75점으로 중요도가 가장 낮은 항목으로 평가되고 있다. 전문가들은 댐 건설사업의 평가 항목 가운데 인구, 주거, 산업, 문화재 4개 항목에 비해 교육, 교통, 공공시설 등 3개 항목에 대한 중요도는 낮게 평가한

〈표 3.16〉 설문별 평가항목 중요도 순위 비교

순위	1차 설문*	2~3차 설문	
		계획 단계	사업 단계
1	산 업 (13명)	인 구 (4.40점)	문화재 (4.12점)
2	인 구 (6명)	주 거 (4.06점)**	인 구 (3.84점)
3	주 거 (5명)	교 육 (4.06점)**	산 업 (3.83점)
4	교 통 (4명)	산 업 (3.94점)	교 육 (3.65점)
5	공공시설 (1명)	교 통 (3.88점)	주 거 (3.61점)
5	지역문화 (1명)	공공시설 (3.84점)	교 통 (3.28점)
7	–	문화재 (3.75점)	공공시설 (3.06점)

주 : * 1차 설문 응답결과는 응답자 수이며, 2~3차 결과는 5점 만점 점수임.
** 주거와 교육은 동순위임.

〈그림 3.6〉 사회경제분야 평가항목의 점수 비교

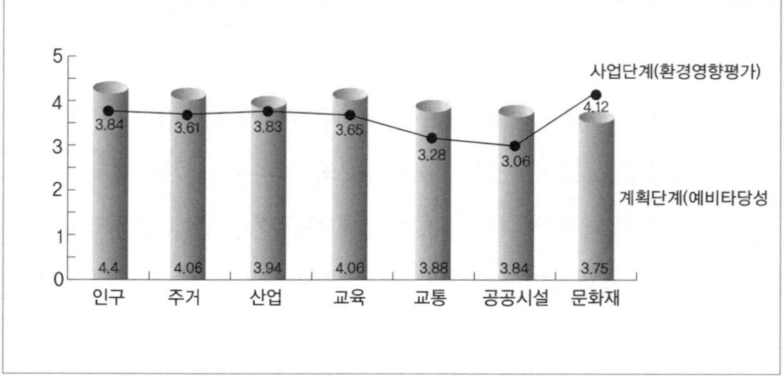

편이었다. 이와 같이 환경영향평가, 사회영향평가 등 평가 방법의 항목과 지표의 중요도와 우선 순위를 분석하는 것은 평가 방법의 최적화를 통해 영향평가 결과의 정확성과 신뢰성을 높이고자하는 노력의 하나이다.

그러나 이에 못지않게 중요한 것은 이 같은 평가 제도가 개발 계획이나 사업안의 합리적 대안을 찾아내어 환경적으로 건전하고 지속적 가능한 '의사결정도구'로 활용되는 일이다. 그러나 지금까지 환경영향평가 관련 국내 사례를 보건대 이러한 합리적 의사결정 도구로 활용되었다기보다는 이미 결정된 사업 계획에 대한 당위성을 증명해주는 '도구적 수단'으로 이용되어 왔다는 비판을 받아온 바 있어 이의 개선 대책 역시 해결해야 할 과제의 하나이다.

다목적댐은 여타의 국책사업과 달리 대규모 수몰 지역과 수몰 이주민을 발생시키며 '이주', '보상'과 같은 민감한 사회적 문제와 연결되어 있다. 댐 건설사업은 통상 사업비 500억원 이상의 대형 국책사업에 속하므로 예비타당성조사를 거쳐 사업의 정책적, 경제적 측면에서의 타당성을 판단하고 환경영향평가를 통해 환경 측면을 평가하는 절차를 거친다.

환경영향평가를 통한 사회경제 분야 평가의 경우 미래에 발생될 사회 현상에 대한 체계적인 예측이나 분석 없이 통계 수치를 단순히 열거하는 수준이었으며, 예비타당성조사 역시 평가 항목과 지표의 중요도 구분, 평가 방법이 잘 정립된 상태는 아니었다. 이러한 문제점은 여러 평자가 비판적 관점에서 논의한 바와 같이 우리나라 환경영향평가 제도의 문제점인 동시에 사회영향평가에 대한 이론적 기반 및 실행 여건의 부족 탓으로 생각된다.

이 연구는 서론에서 밝힌 바와 같이 댐 건설사업에 적용할 수 있는 사회영향평가 방법을 제안하기 위한 실용적 목적에 초점을 맞춘 것으로써, 문헌조사와 사례연구, 전문가 설문조사를 통해 얻은 결론은 다음과 같다.

첫째, 사회영향평가는 환경영향평가처럼 하나의 완결된 체제를 갖춘 평가 방법론이지만 댐 건설사업의 경우 예비타당성조사나 환경영향평가의 사회경제 분야를 체계적으로 평가하는 '구조화된 방법론' 으로 활용할 수 있다. 따라서 기존의 환경영향평가제도와 양립이 가능하며, 환경영향평가제도의 사회경제분야 평가 방법으로 유용한 방법이다.

둘째, 댐 건설사업에 대해 사회영향평가를 실시할 경우 '정책' (policy)이나 '프로젝트' (project) 단계보다는 '댐건설장기계획' 등과 같은 '계획' (plan) 단계에서 환경영향을 평가하는 것이 효과적이다. 사회영향평가의 주요 목적 중 하나가 사회적 갈등의 최소화에 있는 만큼, 댐의 위치와 규모 등이 확정되는 '기본계획 및 설계 단계' 보다는 '계획 단계' 가 댐의 입지와 규모 등에 대해 좀더 유연한 의사결정이 가능하기 때문이다. 따라서 사회영향평가를 프로젝트 상위 단계인 3Ps에서 평가할 경우 전략환경평가의 한 절차로 활용할 수 있다.

셋째, 1998년 이후 준공된 국내의 5개 다목적댐 건설사업에 대한 환경영향평가 보고서 및 사후환경영향조사 보고서를 분석한 결과, 사후환경영향조사의 사회경제분야 항목으로는 '산업' 을 유일하게 평가하고 있었다. 지표 또한 '농작물 피해' 를 유일하게 평가하고 있어서 댐 건설 이후 이주민의 정착 문제나 주거 환경, 교육 여건, 공공시설 접근성, 지역경제 변화 등에 관한 사후조사가 적절히 이행되지 않고 있었다.

넷째, 델파이 조사를 이용해 전문가들의 의견을 조사한 결과, 사회영향평가 항목으로 중요하게 평가해야 할 평가지표로 응답한 평가지표는 예비타당성조사의 경우 12개 항목 중 10개, 환경영향평가는 31개 항목 중 19개였으며, 설문응답의 일치도를 나타내는 변이계수는 모두 0.5 이하로 응답의 일관성이 높은 수준이었다. 이는 사회경제 분야 평가 항목 7개를 기준으로 할 경우 환경영향평가의 경우 1개 항목당 2.7개 지표, 예비타당성조사의 경우 1개 항목당 1.4개 지표로 구성되는 셈이다.

다섯째, 델파이 조사를 한 결과 댐건설 사업시 가장 중요하게 평가해야 할 지표로 나타난 평가지표는 '이주민 발생수' 로 예비타당성조사시의 중요도는 4.93점(100점 만점 환산 98.6점), 환경영향평가시의 중요도는 4.86점(100점 만점 환산 97.2점)이었다. 댐 건설시 가장 중요하게 고려해야 할 사항은 '이주민 발생수' 라는 전문가들의 응답과 달리, 현행 댐 건설사업 환경영향평가의 경우 이러한 댐 건설사업의 이주 특성을 정밀히 반영하지 않고 있어, 이를 개선하지 않을 경우 환경영향평가제도가 지역주민들과의 갈등 예방이란 조정자적 역할을 하기는 어려울 것으로 판단된다.

여섯째, 예비타당성조사의 정책성 및 경제성 평가 12개 항목 중에서 환경성평가 항목은 중요도 4.69점(100점 만점 환산 93.8점)으로 전체 순위에서 2위, 정책성 분야 항목 가운데 1위를 기록해 댐 건설 계획시 중요도가 매우 높은 항목으로 나타났다. 이는 전문가들이 댐건설 사업이 다른 공공사업보다 환경성 평가의 결과가 사업 시행 여부를 결정지을 수 있는 중요 요인으로 생각하고 있기 때문으로 판단된다.

일곱째, 예비타당성조사의 정책성 및 경제성 평가항목의 점수는 경제성 분석 항목인 '물수급 수요의 추정' (4.83점)이 가장 높은 점수를 얻었으며, 정책성 분석 항목으로는 '사전환경성 평가'가 4.69점으로 두 번째 순위를 기록하였다.

또한 '댐 개발로 인한 편익의 추정'(4.41점), '비용 · 편익분석'(4.15점), '민감도 분석'(4.00점), '재무적 타당성 분석'(3.85점) 등 경제성 지표가 정책성 분석 지표보다 높은 점수를 보여, 전문가들은 댐 건설 계획을 평가할 경우 정책적인 측면보다는 경제적인 측면을 좀더 중요하게 생각하고 있는 것으로 나타났다.

여덟째, 댐 건설 사업이 환경에 미치는 영향에 대해 전문가들은 '자연환경'이나 '생활환경'보다는 '사회경제환경'을 좀더 중요하게 생각하며, 사회적 요인으로는 '이주 문제', 경제적 요인으로는 '산업에 미치는 부정적 영향'을 중요하게 여기고 있었다.

아홉째, 댐 건설 사업의 경우 환경영향평가서 작성 규정에 예시되지 않은 항목으로 '지역공동체 문화'(4.06점)와 '피아노-미술 학원 등 사교육 시설'(3.51점)과 같은 신규 지표의 중요도가 "보통 이상"으로 높게 나타났다. 이는 개발사업과 지역의 특성을 반영하는 신규 지표를 개발해 활용하는 것이 사업의 특성을 반영한 평가를 가능하게 하는 요건이란 점을 시사한다.

이는 2004년부터 환경영향평가 항목 및 범위를 지역 전문가, 주민, 시민단체 등이 참여하는 평가항목 · 범위획정위원회에서 결정할 수 있게 관련 제도가 개정되었으므로 이와 연계해 활용할 수 있을 것이다. 사회영향평가의 실용적 효과를 높이기 위해서는 사회영향평가 항목과 지표를 최소의 요건(minimum requirement)으로 보고, 계획 단계 또는 환경영향평가 단계별로 당해 지역사회의 특성에 맞는 평가지표로 조정하는 것이 바람직하다.

제4장 새만금사업과 사회환경지표[14)]

제1장 '국책사업과 환경갈등 사례' 에서 살펴보았듯이 새만금사업은 중앙정부, 지방정부, 지역주민, 환경단체 등이 복잡하게 얽힌 국책사업으로 공사 재개를 결정한 대법원의 최종 판결에 따라 친환경적으로 추진해야 할 과제를 안고 있다. 이 장에서는 새만금사업을 친환경적으로 추진하는데 유용하게 활용할 수 있는 환경지표를 살펴보고, 그 가운데에서 '사회환경지표' 의 예를 제시해보도록 한다.

1. 환경지표의 개념과 기능

지표(Indicators)의 어원은 지적 · 측정 · 결정하기 위한 것이라는 뜻을 가진 라틴어 indecare에서 유래했는데, 어떤 현상이나 그 변화를 나타내보여주는 값으로 전체를 파악하는데 도움을 주는 대표적인 정보를 의미한다. 이러한 측면에서 지표는 자료(data)나 통계

14) '새만금사업과 사회환경지표' 는 이상훈 교수(수원대 환경공학과), 류재홍 박사(동의대 박사후연구회), 구자건 3인이 공동 집필한 '새만금사업 친환경개발지표 설정 연구(농어촌 연구원, 2005)' 보고서의 제4장을 수정, 보완하여 게재한 글입니다.

(statistics)와 구별된다.

지표는 현상에 대한 정보가 쉽게 전달되도록 복잡한 현상을 계량화하고 단순화시킨 것이므로 복잡한 자료와 정보의 해석을 돕는 역할을 한다. 따라서 지표는 정책결정자나 일반 국민이 쉽게 이해하고 해석할 수 있어야 한다. 지표 가운데 '환경지표'는 위와 같은 지표의 일반적인 특성이 환경 분야에 적용된 것이라 할 수 있다. 따라서 환경지표는 환경의 질이나 여건, 변화 상태 등을 이해하는데 도움이 되는 계량화된 정보를 제공하는 기능이 있으며, 어떠한 목적으로 사용하느냐에 따라 선정 조건과 기능은 다를 수 있다.

지표의 목적은 분석대상의 관리에 있어서 의사소통, 투명성, 효율성 및 책임성을 제고하는 것이다. 또한 지표는 분석대상의 자원 및 활동 그리고 실태를 파악하여 설명하고 그 분석대상의 개발 목적에 대한 동향을 평가하는 수단이 된다. 따라서 지표는 관련 자료를 간결하고 유용한 정보로 압축하는데 도움을 주어야 한다.

한편 지표의 목적과 부합하여 지표의 선정기준도 적절히 고려될 필요가 있다. 이병욱은 '환경경영론'(1997)에서 지표의 일반적 선정기준을 제시하고 있다. 이병욱이 제시하고 있는 지표의 일반적 선정기준을 요약하면 다음과 같다.

- 적합성(relevance) : 해당 지표가 평가를 대표할 수 있어야 함
- 측정가능성(measurability) 및 투명성(transparency) : 지표는 측정이 가능하여야 하며, 측정방법의 객관성이 보장되어야 함
- 측정에 소요되는 비용(costs) : 지표의 개발과 실행에는 많은 예산이 소요되므로, 지향하는 목적에 적합한 수준의 지표의 선별이 중요

- 통제가능성(controllability) : 지표는 관리하고 통제할 수 있는 자료에 바탕을 두고 개발되는 것이 바람직함
- 비교가능성(comparability) : 개발된 지표의 지속적인 개선을 도모하기 위해서는 시차적 평가 결과에 대한 객관적인 비교 · 검토가 가능해야 함
- 이해관계자 지향적(stakeholders-oriented) : 주요 이해관계자들의 관심과 대체로 일치하고 주요 이해관계자의 관심을 반영하는 것이 바람직함
- 최종사용자(end-user)에 대한 고려 : 최종사용자에게 간략하고 함축적인 의미를 담고 있는 총량 또는 지수 형태의 지표가 바람직함

〈표 4.1〉 환경지표 선정 조건의 비교

연구기관	국토연구원(2003)	한국 환경정책 · 평가연구원(2003)
선정 조건	• 중요도 • 측정성 • 객관성 • 용이성 • 명확성 • 대표성	• 과학적 타당성 • 개선 잠재력 • 상대적 중요도 • 명확성 • 지속성 • 대표성 • 자료 구득성 • 신뢰성 • 비교 가능성

자료 : 국토연구원, 2003, '지속가능한 국토개발지표 설정에 관한 연구'과 한국환경정책평가연구원, 2003, 'OECD 지속가능발전지표 개발에 따른 국내 통계 발전방향 연구' 내용을 발췌 정리한 것임.

한편 지금까지 개발되거나 새롭게 제기되고 있는 환경지표들은 매우 다양한데 국내의 선행 연구기관들이 제시하고 있는 지표의 요건을 살펴본다. 국토연구원의 연구에서는 지표의 요건으로 1) 중요도 2) 측정성 3) 객관성 4) 용이성 5) 명확성 6) 대표성을 들고 있으며(국토연구원, 2003), 한국환경정책평가연구원의 연구에서는 1) 과학적 타당성 2) 개선 잠재력 3) 명확성 4) 지속성 5) 상대적 중요도 6) 대표성 7) 자료 구득성 8) 신뢰성 9) 비교가능성 등을 환경지표의 중요 요건으로 제안하고 있다. 국토연구원과 한국 환경정책 · 평가연구원의 환경지표 선정 조건을 비교한 예를 〈표 4.1〉에 제시하였다. OECD의 경우 지속가능한 발전지표 선정 기준으로 1) 정책 연관성 2) 분석 건전성 3) 측정 가능성을 고려하였다(정영근, 배현회, 2003).

앞에서 지표의 선정 조건을 살펴보았지만 환경지표의 경우 이를 어떠한 목적으로 사용하느냐에 따라 선정기준은 달라질 수 있다. 본 연구에서는 새만금사업이라는 개별 사업에 적용한다는 점을 고려하여 다음의 3가지 사항을 지표선정의 기준으로 고려하였다.

첫째, '단순성' 이다. 새만금사업의 경우 사회적으로 관심이 높은 국책사업이므로 복잡하고 어려워서는 안 되며 이해가 쉬워야 한다. 따라서 전문가 뿐 아니라 일반 시민들도 쉽게 이해할 수 있는 '단순한' 내용으로 구성할 필요가 있다. 둘째, '측정 가능성' 이다. 측정할 수 없는 것은 관리하기 어렵다. 측정방법의 객관성 및 투명성이 보장되어야 관리의 효율을 높일 수 있으며 이와 관련된 이해당사자 간의 논란도 줄일 수 있다. 셋째, '비교 가능성' 이다. 지표는 공간적으로 또한 시간적으로 유사한 사업이나 성과와 비교할 수 있어야 개선도 가능하다.

지표는 정량적 형태가 바람직하나 통계자료나 축적된 수치를 활용하기 어려운 부문에 대해서는 정성적인 지표를 개발하여 활용하는 것도 한 방법이다. '환경지표'는 현재의 환경 및 변화 상태를 알기 쉽게 계량화하여 알려주는 기능이 있다. 환경지표는 초기에 환경의 오염 정도를 나타내는 단순한 지표에서 출발했지만, 최근에는 환경에 대한 가치 평가 및 쾌적성 평가 분야로까지 확대, 발전하고 있다.

일본의 경우 환경지표가 오염지표, 생활질 지표, 쾌적환경 지표, 환경자원 지표로 발전해온 바 있다. '오염지표'란 대기 오염도나 수질 오염도, 악취 등을 나타내는 지표이고 '생활질 지표'는 환경종합 지표, 현(縣) 생활환경 지표와 같이 생활질을 종합해 나타내는 지표이다. '쾌적환경 지표'는 시정지표, 토지매력도 지표, 수목가치 지표, 건강도시 지표 등 쾌적성을 나타내는 지표이고, 마지막으로 '환경자원 지표'란 '주택이용 적정지표', '국민환경자원 지표', '지구환경자원 지표' 등과 같이 지속성을 유지해야 할 자원의 입장에서 평가하고 있다.

세계보건기구(WHO) 역시 인간의 건강에 영향을 주는 요인으로 자연, 인구, 사회, 경제와 같은 4가지 범주로 구분하고 있다. WHO의 지표에 포함되어 있는 '자연' 범주는 물론 인구, 사회, 경제 모두가

〈표 4.2〉 세계보건기구의 환경지표

환경지표의 범주	지 표
자 연	식량, 물, 에너지, 생물종의 다양성, 해양, 삼림 등
인 구	인구수, 사망률, 출생률, 인구이동 등
사 회	가난, 위험노출의 직업, 주택 등
경 제	자원이용, 산업영역의 구조

출처: WHO. 1992.

〈표 4.3〉 OECD의 환경지표

환경지표의 범주	지 표
자 연 환 경	CO_2 배출, 지구온난화 가스의 배출, SOx 배출, NOx 배출, 수자원 이용, 강물의 질, 토지이용의 변동, 녹지 등 보존지역, 질소비료의 사용, 열대우림의 감소, 삼림자원의 이용, 멸종위기의 생물종, 어획, 쓰레기 배출, 쓰레기 처리 등
사회경제환경	환경정책에 대한 여론수렴, 산업현장에서의 환경사고, 경제활동의 성장, 에너지 공급과 사용, 산업생산량, 자동차 대수와 교통량 등의 교통현황, 소비, 인구 등

환경과 밀접한 관련이 있는 분야이다. WHO의 4가지 범주를 살펴보면, 식량, 물, 에너지, 생물종의 다양성, 해양, 삼림 등은 '자연' 항목으로 분류하고 인구수, 사망률, 출생률, 인구 이동 등은 '인구'로 구분하고 있으며 가난, 위험에 노출되기 쉬운 직업, 주택, 자원이용, 산업영역의 구조 등은 환경과 관련성이 높은 '사회' 또는 '경제' 지표로 분류하고 있다.

경제협력개발기구(OECD)도 〈표 4.3〉에 제시한 바와 같이 1991년도에 환경지표를 자연환경과 사회경제환경의 두 범주로 나누어 제시한 바 있다.

OECD는 자연환경의 오염 · 파괴는 어떤 '원인'에 의해 발생하고, 그 원인에 의해 자연환경의 '상태'가 결정되고, 자연환경의 상태는 그대로 방치되는 것이 아니라 이를 해결하기 위한 대응책이 강구(대응)되는 맥락에서 원인(pressure) – 상태(state) – 대응(response)이라는 인과사슬의 틀에 기초하여 환경지표를 개발했다. OECD는 농업부분의 지속가능발전지표로서 〈표 4.4〉에서 제시한 바와 같이 모두 13개의 지표를 제시하고 있는데, 이러한 지표들은 천연자원과 농업 투입재 사용 분야, 환경영향의 대상이 되는 분야, 환경과 경제 사회 요소들 사이의 연계 분야로 나눌 수 있다(OECD, 1999).

지표가 측정하는 공간적인 범위는 농지, 농장, 분수계, 환경지대, 국가수준 등으로 다양하다. 공간 규모는 농지 또는 농가 수준의 정보를 더 높은 수준으로 추정하는 능력, 공간 규모의 확대에 따른 손익의 상쇄, 사용자 또는 사용목적에 따른 지표의 필요성 등에 따라 결정된다. OECD는 가능한 세분된 지역의 정보에서 시작하여 국가수준의 지표 개발을 추구하고 있다. 새만금사업의 경우 간척농지 개발사업으로 농업과 환경영향의 관계를 정확히 파악할 필요가 있다.

환경지표의 기능은 다음과 같이 크게 세 가지 측면에서 구분할 수 있다. 첫째는 의사결정 자료로 활용되는 '의사결정 자료로서의 기능' 이다. 쉽게 말해 의사결정에 필요한 자료의 역할을 하는 것이다. 예를 들어 대도시의 대기오염도가 갈수록 높아지고 있다면 정부는 이를 근거로 청정에너지 보급의 확대란 정책적 결정을 할 수 있을 것이다.

둘째는 현상의 현재 상태와 변동에 대한 정보 제공을 하는 '정보의 종합화 기능' 이다. 가령 10년 전과 현재의 토지이용도를 위성사진을 이용하여 분석해 본다고 할 경우 토지이용의 시간적 및 공간적 변화

〈표 4.4〉 OECD가 선정한 농업환경지표

구 분	천연자원 및 투입재	환경영향의 대상	환경 · 경제 · 사회 요소
지 표	• 토지보전 • 양분사용 • 농약사용 • 물사용	• 토 질 • 수 질 • 온실가스 배출 • 생물다양성 • 야생서식지 • 경 관	• 농장관리 • 농장 재정 지원 • 농촌 활력

를 쉽게 비교하여 종합 평가할 수 있다.

셋째는 '정책평가와 감시의 기능' 으로 분류할 수 있다. 정부나 공공기관이 시행하는 정책의 경우 사후 모니터링이 필요한 경우가 대부분이다. 지표는 이러한 정책이 당초 계획만큼 실행되고 있는지 개선할 사항은 무엇인지 감시하는 기능이 있다.

1.1 지속가능한 국토개발지표

국토연구원은 최근 과거 개발 위주의 국토개발의 문제점을 지적하며 21세기는 '자연과 어우러진 녹색국토' 조성이 필요한 시기라고 밝힌 바 있다. 그러나 '국토개발의 지속가능성' 을 추구하기 위해서는 이를 측정하고 평가하기 위한 지표가 필요한데 그 지표가 바로 국토연구원(2003)의 '지속가능한 국토개발지표' 이다.

국토연구원은 '지속가능한 국토개발지표' 의 성격에 대해 "지속가능한 국토개발에서 지향하는 목표, 전략 등을 보다 구체화하며 이를 측정, 평가하기 위한 지표"라고 설명하며, 국제기구나 국가의 지표선정기준은 다음과 같다고 밝히고 있다.

- 정책적 적합성(policy relevance) ... 이슈와의 관련이 높을 것
- 타당성 또는 객관성 ... 신뢰할 만한 방법론 활용
- 단순성(simplicity) ... 일반 대중의 이해도
- 지속성(continuity) ... 시계열 분석 및 자료갱신 가능
- 유용성(availability) ... 적절한 시간 및 비용 통한 자료 확보 가능
- 종합성(comprehensiveness) ... 총체적 정보 제공 가능

• 민감성(sensitivity) ... 크고 작은 변화 파악 가능
• 신뢰성(reliability) ... 반복 측정에도 동일 결과 도출

'지속가능한 국토개발지표'는 이론 연구와 전문가 논의를 거쳐 최종 확정한 지표로서, 본 연구와 같이 현장방문을 통한 '현장적합성'을 평가하지는 않았다. 그러나 최초의 후보지표군 120개를 도출한 후 최종 5단계에 이르기까지 3차례의 평가를 통해 가장 적합한 지표를 설정하였다는 논리적 근거를 제시하고 있다.

• 1단계 : 후보지표 종합제시(국내외 지표를 제시, 120개)
• 2단계 : 1차 평가(100점 만점 기준 60점미만 지표 제외, 118개)
• 3단계 : 2차 평가(1차 평가 결과에 대해 중요도 조정, 55개)
• 4단계 : 3차 평가(측정가능성, 객관성 등 부합정도 판단)
• 5단계 : 지표 최종선정(중요도 높고 중복되지 않는 지표 선정, 43개)

국토연구원은 위와 같은 절차를 거쳐 개발한 '지속가능한 국토개발지표'에 대해서 '현장적합성평가' 즉 '지표선정기준의 적합성 판단'에 관한 객관적인 기준을 제시하기는 어렵다고 밝히고 있다. 그 이유로 유사한 지표 연구(주용준, 황희연, 1999; 건설교통부, 2001 ; 양병이, 이관규, 2002) 등이 지표 선정기준의 타당성 검토가 '채택', '제외' 등 정성적이고 서술적인 방법에 의해 이루어졌다는 점을 들고 있다. 국토연구원의 '지속가능한 국토개발지표'는 후보지표 120개중 최종적으로 43개 채택되어 채택율은 35.8%였다.

1.2 국가 지속가능발전지표

대통령자문지속가능발전위원회가 개발한 '지속가능발전지표'(대통령자문지속가능발전위원회, 2005)는 한국의 지속가능사회로의 이행을 점검하는데 목적이 있으며, 다음과 같은 4개 사항을 지표선정의 기준 삼았다고 밝히고 있다(대통령자문지속가능발전위원회, 2005).

- 자료수집 가능성
- 과학적 타당성
- 시계열적인 정기적 점검 가능성
- 양적 측정 가능성

한국의 '지속가능발전지표' 선정 과정을 살펴보면 첫째, 지표의 범주를 농업, 에너지, 해양 · 수산, 자연생태, 수자원, 토지이용, 폐기물, 교육, 경제, 제도, 환경, 사회, 교통, 사회복지 등 14개 대범주, 38개 중범주로 분류하여 256개의 예비지표를 선정하고, 두 번째로 예비지표의 10년간 시계열 자료를 수집했으며, 세 번째로 자료 분석이 어려운 54개 지표를 제외하는 절차를 거쳐, 마지막으로 선형성 분석을 통해 29개 지표를 제외하고 최종적으로 169개 지표를 선정했다.

- Step 1 : 예비지표 선정(256개)
- Step 2 : 예비지표의 10년간(1994~2003) 시계열 자료 수집
- Step 3 : 자료 분석이 어려운 54개 지표 제외(202개)
- Step 4 : 변량분석(variance analysis) 결과 4개 지표 제외(198개)

• Step 5 : 선형성(linearity) 분석을 통해 29개 지표 제외(169개)

• Step 6 : 최종 지표 선정(169개)

이처럼 14개 대범주별 예비지표 256개와 169개의 간추려진 최종지

〈표 4.5〉 국가지속가능발전지표 범주별 예비지표 및 최종지표

대범주(14)	중범주(38)	예비지표(256)	최종지표(169)
농업	농업개황	경지면적, 농가인구비율, 농가소득 및 농가부채, 도농간 소득격차비율, 비료사용량, 농약사용량(7)	경지면적, 농가인구비율, 농가소득, 농가부채, 도농간 소득격차비율, 비료사용량, 농약사용량(7)
	환경농업	친환경농업실천면적, 유기농업실천면적, 양분수지-질소수지, 양분균형-인산수지, 토양비옥도, 환경농업연구비지출액 (13)	질소수지, 인산수지(2)
에너지	에너지공급	에너지수입의존도, 에너지원별 구성비(석탄), 에너지원별 구성비(석유), 에너지원별 구성비(LNG), 에너지원별 구성비(수력), 에너지원별 구성비(원자력), 에너지원별 구성비(기타 에너지), 최종에너지 소비비중(산업), 최종에너지 소비비중(가정 및 산업), 최종에너지 소비비중(수송)	에너지수입의존도, 석탄 구성비, 석유구성비, LNG 구성비, 수력구성비, 원자력구성비, 기타 에터지 구성비, 에너지 소비(산업), 에너지 소비(가정 및 산업), 소비비중(수송)
	에너지수요	1인당 에너지소비량, GDP 기준 에너지원 단위(3)	1인당(에너지) 총소비량, GDP기준 에너지원 단위, 재생가능한 에너지원 소비비중(3)
해양/수산	해양환경과 생태	연안해역의 수질(COD, TN, TP), 연안해역의 수질(수온), 해양의 적조(발생건수, 피해액), 폐기물 해양투기량(7)	연안해역의 수질(COD, TN, TP), 연안해역의 수질(수온), 해양의 적조 피해액, 해양 폐기물 투기량(6)

해양/수산	어업이용 · 개발	어획량(연안, 근해, 원해), 어획강도(어선수, 어선톤수, 톤당어획량, 마력당 어획량)(8)	총어획량, 어선톤수, 톤당어획량, 마력당 어획량(4)
	지속가능발전 대응	어업의 GDP 기여도, 연안지역 인구증가율, 해양환경/자원 연구개발비(3)	어업의 GDP 기여도, 연안지역 인구증가율, 해양환경/자원 연구개발비(3)
자연생태	주요 보호지역	주요 보호지역 면적(3)	자연공원면적, 도시공원면적, 개발제한구역면적(3)
	멸종위기 동식물	멸종위기 야생동식물 비율, 멸종위기 포유류/조류 비율(9)	알려진 생물종수, 멸종위기 야생동식물 비율, 알려진 포유류수, 멸종위기 포유류 비율, 알려진 조류수, 멸종위기 조류비율(6)
	자연환경보전	공유수면 매립, 자연환경보전, 산림지역, 산불피해(8)	공유수면 매립면적, 자연환경 보전지역 비율, 산림지역 비율, 산불발생 면적(4)
	친환경이용	임목벌채 체적, 1인당 공원면적(2)	임목벌채 체적, 1인당 공원면적(2)
수자원	수자원량1인당	재생가능한 수자원량, 1인당 역외 유입량, 지하수 개발량(3)	지하수 개발량(1)
	물이용량	담수취수율, 부문별 물이용량, 물 스트레스 지역비율, 1인당 생활용수 소비량, 생활용수 누수율(7)	1인당 생활용수 소비량, 누수율(2)
토지 이용	토양오염	토양오염도(12)	카드뮴오염도, 구리오염도, 비소오염도, 수은오염도, 납오염도(5)
	토지이용구성	토지이용구성비, 수도권 집중도(7)	도시 대지용지, 도시 공장용지, 도시 공공용지, 농지, 임야, 기타 토지, 수도권 인구집중(7)
생활 환경	폐기물 발생	일반폐기물(총발생량, 생활폐기물, 사업장 배출시설계 폐기물, 건설폐기물), 지정폐기물(총발생량, 폐산, 폐알카리, 폐유기용제, 폐합성고분자 화합물, 분진, 오니류, 감염성 폐기물, 기타) (13)	일반폐기물 발생량, 지정폐기물 발생량(2)

생활 환경	폐기물 처리방식	일반폐기물(총처리량, 매립, 소각, 재활용, 해양유출), 지정폐기물(총처리량, 매립, 소각, 재활용, 해양유출, 기타)(11)	일반폐기물 매립, 일반폐기물 소각, 일반폐기물 재활용, 일반폐기물 해양유출, 지정폐기물 재활용, 지정폐기물 매립, 지정폐기물 소각, 지정폐기물 해양유출, 지정폐기물 기타 처리(9)
	폐기물 처리예산	부문별 처리예산(지정폐기물 처리장 설치, 쓰레기매립장 조성, 유해화학물질 관리, 재활용, 소각시설, 음식물)(6)	(0)
환경	지구환경	이산화탄소 배출량, CFCs 소비량, (2)	이산화탄소 배출량(매트릭 톤), CFCs 소비량, (2)
	생활환경오염	대기오염(미세먼지, 아황산가스, 일산화탄소, 이산화탄소, 오존농도), 수질오염(수소이온농도, 용존산소, COD, BOD, 부유물질)(10)	대기오염(미세먼지, 아황산가스, 일산화탄소, 이산화탄소, 오존농도), 수질오염(수소이온농도, 용존산소, COD, BOD, 부유물질)(10)
	자연환경 보전대책	환경예산, GDP 중 환경오염방지지출 비율 (2)	환경예산, GDP 중 환경오염방지지출 비율 (2)
사회	형평성	지니계수, 실업률, 전체취업자 중 여성비율, 남성임금 대비 여성임금 비율(4)	지니계수, 실업률, 여성취업률, 여성임금비율(4)
	건강	1인당 1일 총열량, 0세 사망자수, 0세 기대여명, 하수도 보급률, 상수도 보급률, 주택 보급률, (의료보건비 지출), 홍역예방접종자수, 의료보건지출비, 범죄발생(8)	1인당 1일 총열량, 0세 사망자수, 0세 기대여명, 하수도 보급률, 상수도 보급률, 주택 보급률, 의료보건비 지출, 범죄발생(8)
	인구	총인구수, 인구밀도, 총부양비 및 노령화인구, 인구성장률, 도시화율(6)	총인구수, 인구밀도, 총부양비, 노령화인구, 인구성장률, 도시화율(6)
	취업과 임금	취업률, 월평균 임금지수(6)	취업률, 월평균 임금지수(6)
교통	수송효율성	교통수단별 여객수송 분담률, 교통수단별 화물수송 분담률, 대중교통시설 능력, 철도밀도, 자동차등록(18)	교통수단별 여객수송 분담률, 교통수단별 화물수송 분담률, 도로밀도, 총차량 대수(8)

교통	환경 친화성	운행거리 (7)	승용차, 화물차, 버스, 기차 운행거리(4)
	교통안전 및 교통접근성	차종별 대기오염 배출량, 주차장 면적, 자전거도로 확보율, 교통사고 부상자, 교통사고 사망자, 지상버스 운행률(15)	교통사고 부상자, 교통사고 사망자, 주차장면적(3)

표를 비교한 결과는 〈표 4.5〉에 제시된 바와 같다. 표는 14개 범주 중 새만금 친환경개발지표와 관련성이 높은 농업, 에너지, 토지이용, 생활환경 등 10개 범주별 예비지표와 최종지표를 예시한 결과이다.

'농업' 범주의 경우 20개 예비지표 중 9개 지표로 크게 축소된 반면, '에너지' 범주의 경우 14개의 예비지표가 13개로 최종 결정된 것과 같이 범주에 따라 차이가 큰 편이다. 예비지표가 최종지표로 확정되는데 영향을 미친 중요한 요인은 '측정가능성' 즉 시계열 자료의 존재와 통계분석 측면에서의 활용성으로 판단된다.

'지속가능발전지표'는 예비지표를 몇 단계 타당한 검증을 거쳐 169개 최종지표로 확정하는 절차를 거쳐 66%의 지표를 채택하고 있다.

2. 친환경개발과 환경지표

2.1 친환경개발지표의 형태

'친환경개발지표' 는 "환경친화적인 개발의 정도를 나타내는 지표" 로 이 장에서 제시하고자하는 '새만금사업 친환경개발지표' 는 "새만금사업의 계획, 시공, 운영관리 단계에서 친환경적 사업 수행을 인도하는 지침이 되는 지표군(指標群)"을 의미한다. 지표를 개발할 때는 정보의 특성, 의도하는 목표 및 목적 등 다양한 요소를 고려하며, 그 형태도 절대지표 또는 단순지표, 상대지표 또는 표준화지표, 총량지표, 가중지표 또는 지수 등으로 다양하다. 한 예로 국토연구원(2003년)의 '지속가능한 국토개발지표 설정에 관한 연구' 는 지표의 목적에 따라 다음과 같이 분류하고 있다.

- 핵심지표(core indicator) : 환경정책과 부문별정책을 통합하고, 경제에 환경을 반영하는 등의 지표로서, 환경의 변화를 다른 사회경제적 요소들과 연관하여 인간과 환경의 관계를 나타내는 주요지표
- 부문지표(sectorial indicator) : 환경문제를 분야별 정책에 반영하고, 부문별 정책결정에 환경적 관심사의 결합을 촉진하기 위한 지표(예 : 교통, 에너지, 농업, 가계소비, 관광 등)
- 기조지표(key indicator) : 핵심지표 가운데 대중의 이해를 돕고 공통적인 관심을 이끌어 내기 위해 보다 중요하다고 선별된 지표

친환경개발지표는 새만금사업이라는 특정한 개발사업을 대상으로 하여 그 사업의 친환경성을 점검 · 평가하려는 지표를 개발하는 목적을 가지고 있으므로, 이러한 목적에 맞는 지표를 설정하였다. 그 결과 3가지 형태의 지표는 다음과 같다.

- 단위지표 : 각 친환경성 요소들을 측정하기 위한 개별 친환경개발 지표
- 핵심지표 : 단위지표들 중에서도 핵심이 되는 지표
- 거시지표 : 단위지표나 핵심지표와 같은 개별 지표로 평가하기 어려우나 간척사업 전체의 평가나 신속하게 평가할 필요가 있을 때 사용하는 지표

2.2 친환경개발지표의 구성

친환경개발지표의 구성은 자원소비량, 에너지소비량, 오염발생량, 생물다양성, 사회적 쾌적성 등과 같은 친환경성 5요소를 기본체계로 하여 새만금사업으로 인해 야기되는 환경영향들을 점검하는 단위지표들로 이루어진다. 각 친환경요소에 포함되는 친환경개발지표들에 대해 간략히 정리하면 다음과 같다.

- 자원소비량 : 광물자원과 수자원 등의 소비량을 파악하며 오염과 밀접한 관련을 갖는 토석, 수자원, 폐기물 등 분야
- 에너지소비량 : 화석에너지를 비롯한 신재생 에너지의 소비량, 대기오염과 밀접한 관련을 갖는 신재생에너지, 전력소비량 등

• 오염발생량 : 자원과 에너지의 사용으로 인한 수질오염, 대기오염, 폐기물 발생량 등
• 생물다양성 : 동식물 다양성을 평가하 위한 것으로 식물, 어류, 수서곤충, 철새, 생태통로 등
• 사회적 쾌적성 : 토지, 건축물, 방조제, 방수제 등을 평가하기 위한 것으로 각종 경관(연안, 도시, 관광지 등) 분야 등

한편, 친환경성 5요소에 기초하여 개발되는 친환경개발지표는 새만금사업이 미치는 영향권에 입각하여 직접 영향권과 간접영향권과 같은 공간별 영향 그리고 계획단계, 공사 중, 공사 완공 후 기간별로 제시하고자 하였다.

3. 새만금사업의 환경지표와 공간별 활용

3.1 친환경요소별 환경지표

새만금사업에 적용할 수 있는 환경지표의 종류와 유형에 대해서는 관점에 따라 다를 수 있다. 국내외의 환경지표와 새만금사업과 같은 간척사업에 적용가능성이 높은 지표를 종합하여 친환경개발 지표군을 구성하고 이를 친환경성 요소별(자원소비량, 에너지 소비량, 오염 발생량, 생물다양성, 사회적 쾌적성)로 분류하여 제시해본다.

이 같은 방식에 의해 구성한 친환경개발지표군은 총 69개의 지표로 구성되며, 요소별로는 '자원 소비량' 7개 지표, '에너지 소비량' 3개 지표, '오염 발생량' 20개 지표, '생물다양성' 16개 지표, '사회적 쾌적성' 23개 지표이다.

친환경성 요소별로는 '자원소비량'의 경우 광물자원과 수자원 등의 소비량 등이 포함되며, '에너지 소비량'은 화석에너지의 사용 및 대기오염과 밀접한 관련이 있으며 신재생에너지, 전력소비량 분야의 지표를 포함한다. '오염 발생량'은 자원과 에너지의 사용으로 인한 수질오염(COD, 총 질소, 총인, 투명도 등), 대기오염(이산화질소, 아황산가스, 미세먼지, 악취 등) 분야를 포함한다. '생물다양성'은 동식물 다양성을 평가하는 지표로 식물, 어류, 수서곤충, 철새, 생태통로 분야의 지표를 포함한다. '사회적 쾌적성'은 정주용지, 관광지와 같은 토지, 건축물과 방조제, 방수제 등을 평가하기 위한 것으로 연안, 도시, 관광지 등 경관 분야를 포함한다.

〈표 4.6〉 새만금사업 친환경개발지표군

친환경성요소	중분류	환경지표
자원(7)	토석	공사 토석재 반입 비율
	수자원	생활용수 사용량 농업용수 공급효율성 산업용수 사용량
	자원재활용	생활용수 재활용율 생활폐기물 재활용율 지정폐기물 재활용율
에너지(3)	신재생 에너지	신재생 에너지 사용 비율
	화석 에너지소비	에너지소비 탄성치 시설원예 사용에너지
오염(20)	수질오염	호소수질(COD, T-N, T-P) 연안수질(COD, T-N, T-P)** 투명도** 부유물질 농도** 중금속* 용존산소량* 크로로필-a* 적조 발생 빈도** 농업배수 수질 관리도 합성농약 사용량 화학비료 사용량 폐수처리장 방류수수질 하수처리장 방류수수질
	폐기물	생활폐기물 배출량 폐영농자재 수거율
	대기오염	NO_2 SO_2 미세먼지
	악취 수질정화	악취 수질정화시설 면적 비율
생물다양성(16)	연안 생태계	플랑크톤다양성** 저서생물다양성**
	호소 생태계	어류다양성지수 수서곤충다양성지수

생물다양성(16)	호소 생태계	조류다양성지수 저서무척추동물다양성지수
	육상 생태계	철새다양성지수 서식지 다양성 공원지역 동물다양성지수 공원지역 식물다양성지수 농지 내 동물다양성지수 녹지면적 파편화율 친환경농업지역 비율 생태관광지 비율 생태통로연결 비율 식물의 다양성지수
사회적쾌적성(23)	경관	연안경관 관리정도** 농업단지 경관성 수변경관 관리정도 송전선로 지중화율 도시 경관 관광지 경관 내부 방수제 친환경성 외곽 방조제 친환경성 용배수로 친환경성
	조밀성	인구밀도*** 도로밀도 도로서비스 수준
	풍요성	문화여가시설수*** 도시공원 녹지 면적 환경용지 면적 비율 관광농업조성 비율
	편리성	수변공간 접근 용이성 물리적 접근성***
	주관적 만족성	주민 만족도***
	안전성	소음 산업재해발생 비율 산업질병발생 비율 완충녹지조성 비율

* 직접영향권인 '호소'와 '해양'에 적용되는 지표임.
** 해양에만 적용되는 지표임.
*** 지역사회에 대해서도 적용되는 지표

한편 각 친환경성 요소에 포함된 지표들은 범위가 넓으므로 중범주 설정을 통해 범주를 좀더 세분화했다. 현재 우리나라에서는 환경 · 교통 · 재해등에관한영향평가법과 환경정책기본법에 의하여 일정규모 이상의 사업과 행정계획 등에 대해 환경영향평가와 사전환경성평가가 행해지고는 있으나 소규모의 개발사업에 대해서는 이 같은 법적 평가 절차가 적용되고 있지 않다. 이 연구를 통해 제시하는 친환경개발지표군은 활용 여하에 따라서 새만금사업 뿐만 아니라 법적으로 환경영향평가가 적용되지 않는 개발사업의 환경영향을 검토, 분석하는 도구로서도 활용할 수 있을 것이다.

3.2 공간별 환경지표

새만금사업으로 인해 영향을 받는 공간별은 직접적 영향이 미치는 '간척토지' (농업용지, 산업용지, 정주용지, 관광용지, 환경용지)와 '호소' 그리고 간접적 영향이 미치는 '해양' 과 '지역사회' 로 구분할 수 있다. 이러한 구분은 새만금지역의 공간적 특성을 감안해 '직접영향권' 이라 할 수 있는 '간척토지' 가 '간접영향권' 인 지역사회에 영향을 미치고, 호소는 해양에 영향을 미칠 것으로 유추한 틀에서 설정한 것이다. 물론 새만금사업 시행으로 인해 '해양' 과 '지역사회' 에서 발생하는 영향이 직접영향권에 미치는 경우도 있겠으나 방조제로 해양과 구분된 새만금지역의 특성을 고려해볼 때 그 영향력은 크지 않을 것으로 판단된다.

이 절에서는 앞에서 살펴본 69개의 환경지표 중 간척토지, 호소에 어떻게 적용할 것인지 친환경개발지표의 공간적인 적용 방안을 제시하도록 한다. 친환경개발지표를 농업용지, 산업용지, 정주용지, 관광용지, 환경용지 등 주요한 토지이용 측면으로 구분해 제시한다.

3.2.1 농업용지 친환경개발지표

'농업용지'는 새만금사업으로 조성되는 신규 간척토지의 용도 대부분을 차지하며 농업용수 공급을 통해 벼를 재배하는 용도로 활용된다. 농업용지에 적용할 수 있는 지표는 총 69개의 친환경개발지표 가운데 12개이다. 농업용지의 경우 용수 공급을 통한 경작, 생물서식 공간의 조성이라는 측면에서 자원, 에너지, 오염, 생물다양성, 쾌적성 등 5개 요소별로 골고루 분포한다. 환경 요소별로는 '자원'에 속하는 '농업용수 공급 효율성'은 용수 사용을 평가할 수 있는 지표이며, '합성농약 사용량' 등은 '오염 발생량' 관련 지표로 영농으로 인한 오염 발생의 모니터링과 관리 기능을 기대할 수 있다.

'농지내 동물다양성 지수' 등도 '생물다양성' 측면에서 고려하는 것이 바람직하며, 농경지 조성으로 형상되는 '경관성'도 친환경적 개발 측면에서 중요하게 고려해야 할 지표 중 하나이다. '농업용수 사용 효율성' 및 '수리 구조물 친환경성' 등의 요소는 '농업용수 공급 효율성' 및 '용배수로 친환경성' 지표에 포괄시켜 평가해도 무리없을 것으로 판단된다. '농업용 양수에너지'와 같은 지표도 포함시킬 것을 고려하였으나 유사 간척지 현장조사를 통해 살펴본 결과, 기상 및 수문변화에 좌우되므로 친환경개발지표로 활용하기 어렵다고 판단되어 포함시키지 않았다.

〈표 4.7〉 농업용지의 친환경개발지표

<table>
<tr><th>공간별</th><th>요소별</th><th>중분류</th><th>환경지표</th></tr>
<tr><td rowspan="12">농 업
용 지
(12개 지표)</td><td>자 원</td><td>수자원</td><td>농업용수 공급 효율성</td></tr>
<tr><td>에너지</td><td>화석에너지</td><td>소비시설원예 사용에너지</td></tr>
<tr><td rowspan="4">오 염</td><td rowspan="3">수질오염</td><td>합성농약 사용량</td></tr>
<tr><td>화학비료 사용량</td></tr>
<tr><td>농업배수 수질 관리도</td></tr>
<tr><td>폐기물</td><td>폐 영농자재 수거율</td></tr>
<tr><td rowspan="3">생물다양성</td><td rowspan="3">육상 생태계</td><td>농지내 동물다양성 지수</td></tr>
<tr><td>친환경농업지역 비율</td></tr>
<tr><td>생태통로연결 비율</td></tr>
<tr><td rowspan="3">사회적 쾌적성</td><td rowspan="2">경 관</td><td>농업단지 경관성</td></tr>
<tr><td>용배수로 친환경성</td></tr>
<tr><td>풍요성</td><td>관광농업 조성 비율</td></tr>
</table>

3.2.2 환경용지 친환경개발지표

'환경용지' 란 개발사업을 시행하지 않는 유보용지로서 생물서식지의 기능을 제공하는 완충 공간을 의미한다. 따라서 '자원' 이나 '오염' 관련 요소보다는 '서식지 다양성', '녹지면적 파편화율' 등과 같은 '생물 다양성' 지표와 '환경용지 면적 비율' 과 같은 5개 지표를 중요하게 고려하는 것이 바람직하다.

〈표 4.8〉 환경용지의 친환경개발지표

<table>
<tr><th>분야별</th><th>요소별</th><th>중분류</th><th>환경지표</th></tr>
<tr><td rowspan="5">환경 용지
(5개)</td><td rowspan="4">생물 다양성</td><td>호소 생태계</td><td>조류다양성지수</td></tr>
<tr><td rowspan="3">육상 생태계</td><td>서식지 다양성</td></tr>
<tr><td>녹지면적 파편화율</td></tr>
<tr><td>식물의 다양성지수</td></tr>
<tr><td>사회적 쾌적성</td><td>풍요성</td><td>환경용지 면적 비율</td></tr>
</table>

3.2.3 정주용지 친환경개발지표

'정주용지'란 주거를 목적으로 한 '주거용지' 또는 '도시용지'로서 자원과 에너지의 소비, 이로 인한 환경오염, 공원 및 녹지와 같은 자연공간의 조성, 경관 등 여러 분야와 관련이 크다. 정주용지의 친환경개발과 관련해 중요하게 평가, 관리해야 할 지표는 5개 요소별, 21개

〈표 4.9〉 정주용지의 친환경개발지표

분야별	요소별	중분류	환경지표
정주 용지 (21개)	자 원	토 석	공사토석재 반입 비율
		수자원	생활용수 사용량
		자원 재활용	생활용수 재활용율
			생활 폐기물재활용율
	에너지	신재생 에너지	신재생에너지사용 비율
		화석에너지 소비	에너지 소비 탄성치
	오 염	수질오염	하수처리장 방류수수질
		폐기물	생활폐기물 배출량
		대기오염	NO_2
			미세먼지
	생물 다양성	육 상	공원지역 식물 다양성지수
			공원지역 동물 다양성지수
			생태통로연결 비율
	사회적 쾌적성	경 관	송전선로 지중화율
			도시경관
		조밀성	인구밀도
			도로밀도
			도로서비스 수준
		풍요성	도시공원 녹지면적
		편리성	물리적 접근성
		주민 만족성	주민 만족도

항목이 대표적이다.

정주용지의 경우 조성 토석 등 자원의 소비가 예상되며 이용시 수자원과 각종 에너지 소비가 동반되므로 이를 지표로 반영해 관리하는 것이 합리적이다. 또한 자원과 에너지의 소비는 수질 및 대기질 오염과 폐기물 발생을 야기하므로 오염 분야 지표를 포함시키는 것으로 하였다. 송전선로 지중화율과 도로 서비스 수준 등도 경관, 교통 등 사회적 쾌적성과 관련이 높은 지표들이다.

3.2.4 관광용지 친환경개발지표

'관광용지' 는 새만금사업 지구 내 관광을 목적으로 한 시설이나 단지를 위한 용지로 시설물 입지에 따른 자원, 에너지 소비를 동반하므

〈표 4.10〉 관광용지의 친환경개발지표

<table>
<tr><th>분야별</th><th>요소별</th><th>중분류</th><th>환경지표</th></tr>
<tr><td rowspan="13">관광 용지
(13개)</td><td rowspan="3">자 원</td><td>토 석</td><td>공사 토석재 반입 비율</td></tr>
<tr><td>수자원</td><td>생활용수 사용량</td></tr>
<tr><td>자원재활용</td><td>생활용수 재활용율</td></tr>
<tr><td rowspan="2">에너지</td><td>신재생 에너지</td><td>신재생 에너지사용 비율</td></tr>
<tr><td>화석에너지 소비</td><td>에너지 소비 탄성치</td></tr>
<tr><td rowspan="4">오 염</td><td>수질오염</td><td>하수처리장 방류수 수질</td></tr>
<tr><td>폐기물</td><td>생활폐기물 배출량</td></tr>
<tr><td rowspan="2">대기오염</td><td>NO_2</td></tr>
<tr><td>미세먼지</td></tr>
<tr><td>생물 다양성</td><td>육상 생태계</td><td>생태관광지 비율</td></tr>
<tr><td rowspan="3">사회적 쾌적성</td><td>경 관</td><td>관광지 경관</td></tr>
<tr><td>풍요성</td><td>문화여가 시설수</td></tr>
<tr><td>편리성</td><td>물리적 접근성</td></tr>
</table>

로 정주용지의 지표와 유사한 면을 보인다. 관광용지는 모두 13개의 지표로 구성되었다. 관광용지는 정주용지와 마찬가지로 차량 운행 등이 예상되므로 대기질 오염지표가 포함되며, 생태관광 비율을 지표로 설정해 생태적 배려 정도를 포함되도록 하였다.

3.2.5 산업용지 친환경개발지표

'산업용지'는 산업단지와 같은 생산시설이 입지할 지역으로 친환경성을 측정, 관리하기 위한 지표는 자원, 에너지, 오염, 안전성 관련 14개 지표로 구성되었다. 대기질 오염의 경우 정주용지나 관광용지와 달리 차량보다는 산업체에서 배출되는 대기오염물질의 특성을 감

〈표 4.11〉 산업용지의 친환경개발지표

분야별	요소별	중분류	환경지표
산업 용지 (14개)	자 원	토 석	공사 토석재 반입 비율
		수자원	산업용수 사용량
		자원 재활용	지정폐기물 재활용율
	에너지	신재생 에너지	신재생 에너지사용 비율
		화석에너지 소비	에너지 소비 탄성치
	오 염	수질오염	폐수처리장 방류수 수질
		대기오염	아황산가스(SO_2)
			미세먼지
		악 취	악취
	사회적 쾌적성	조밀성	도로밀도
		안전성	소음
			산업재해 발생 비율
			산업질병 발생 비율
			완충녹지 조성 비율

안해 아황산가스(SO2) 항목이 포함되어 있으며, 폐수처리장 방류수 수질 항목이 포함된 것도 산업용지의 특성을 감안해 지표를 구성한 결과이다.

〈표 4.12〉 호소의 친환경개발지표

분야별	요소별	중분류	환경지표
호소 (22개)	오 염	수질오염	호소 수질 (COD, T-N, T-P)
			연안 수질** (COD, T-N, T-P)
			부유물질 농도**
			투명도**
			중금속*
			용존산소량*
			크로로필-a*
			적조발생 빈도**
		악 취	악취
		수질정화	수질정화시설 면적 비율
	생물 다양성	연안 생태계	플랑크톤 다양성**
			저서생물 다양성**
		호소 생태계	어류 다양성지수
			수서곤충 다양성지수
			저서무척추동물 다양성지수
		육상 생태계	철새 다양성지수
	사회적 쾌적성	경 관	연안경관 관리정도**
			수변경관 관리 정도
			내부방수제 친환경성
			외곽방조제 친환경성
		편리성	수변공간 접근 용이성
		주관적 만족성	주민 만족도

* 호소 및 해양에 모두 적용되는 지표.
** 해양에만 적용되는 지표. 그 외의 지표들은 호소에만 적용되는 지표임.

3.2.6 호소 친환경개발지표

앞서 살펴본 간척용지와 달리 '호소'는 방조제 내측으로 새로이 조성되는 담수호가 적용 대상이므로 환경지표도 수역에 적용되는 지표 위주로 구성되어 있다. 해양을 포함한 호소의 친환경개발지표는 모두 22개로 호소 지표 15개, 해양 지표 7개이다.

호소에 적용되는 지표의 경우 간척용지와 달리 '자원'과 '에너지' 요소는 없는 대신 '오염', '생물다양성', '사회적 쾌적성' 분야의 지표는 다양하게 포함되어 있다. '경관' 분야의 지표역시 4종 포함되어 중요하게 고려되었다.

3.3 환경지표의 활용

친환경개발지표는 공사전(사전평가)과 공사중(과정평가), 공사후(사후평가)와 같이 단계별로 적용할 수 있으며, 평가 단계가 유사한 환경영향평가와 보완적으로 활용할 수 있다. '사전평가'는 새만금사업과 관련된 단위사업들을 계획하고 설계하는 단계에서 환경에 미칠 수 있는 영향을 사전에 평가해 보고 친환경 개발을 유도하기 위한 목적으로 활용될 수 있다. '과정평가'는 사업을 진행하는 과정에서의 환경적 변화를 측정하고 그 악영향이 예상보다 클 경우에는 대책을 수립하여 환경에 미치는 악영향을 최소화하는데 활용할 수 있다. '사후평가'는 사후환경영향조사와 유사하게 '사전평가' 및 '과정평가'를 통해 예측, 평가한 결과를 관찰하고 사업의 운영관리가 친환경적으로 지속되도록 보장하기 위해 활용될 수 있다.

새만금사업의 친환경개발지표는 사전평가 및 사후평가에 대해서는 모두 적용이 가능할 것으로 판단된다. 그러나 과정평가에 해당되는 '공사중' 평가는 일부 적용성이 낮은 지표가 있으므로 총 69개의 친환경개발지표 중 20여개의 지표를 선별적으로 활용할 수 있다. 과정평가에 선정된 지표들은 대부분 오염 발생량 및 생물다양성과 관련된 지표들이다.

친환경개발지표군은 새만금사업과 관련하여 계획되는 단위 개발사업 및 그 상위의 계획들에 대해 친환경성 요소별로 관련성이 높은 지표들을 선별적으로 추출하여 새만금지역의 환경성을 거시적으로 평가하거나, 간척토지 및 호소와 같이 공간별로 적용하는 것이 가능하다. 또한 공사 전후 등 단계별로 환경에 미치는 영향을 사전에 평가해 볼 수 있으므로, 대형 국책사업 추진으로 인한 환경갈등을 예방하는데 활용할 수 있을 것이다.

참고문헌

- 구도완. 2002. "환경영향평가제도와 사회영향평가-제도도입과 발전방안". ECO 제3호. 한국환경사회학회.
- 구도완. 2003. 사회영향평가의 제도화 방안. 사회갈등적 환경현안의 조정체계 개선방안 연구. 국회의원 박인상, 한국환경사회학회 공동 프로젝트 보고서 : 111~133.
- 구자건. 2003. "공공사업-사회영향평가 활용하자". 토지 2003년 6월호. 한국토지공사.
- 구자건. 2003. "국책사업의 사회영향평가(SIA) 방법 연구(I)". ECO 2003년 하반기호. 한국환경사회학회.
- 구자건. 2003. 대형국책사업의 사회영향평가 방법 연구-댐 건설 계획 및 사업을 중심으로. 연세대 대학원 환경공학과 박사학위논문.
- 국회의원 박인상, 한국환경사회학회. 2003. 사회갈등적 환경현안의 조정체계 개선방안-사회영향평가 제도화를 중심으로.
- 건설교통부. 2000. 기본설계등에관한세부시행기준(건설교통부 고시, 제2000-235호).
- 건설교통부. 2001. 댐건설장기계획(2001~2011).
- 건설교통부. 한국수자원공사. 1996. 탐진 다목적댐 건설사업 영향평가서.
- 건설부. 1991. 용담댐 다목적댐 건설사업영향평가서.
- 건설부. 1989. 밀양 다목적댐 건설사업 영향평가서.
- 건설부. 1991. 횡성다목적댐 건설사업 환경영향평가 보고서.
- 김광묵, 이승복, 박재홍. 1995. 댐건설에 따른 경제성분석 기법연구. 국토개발연구원.

• 김광호. 2001. 수자원 개발 · 관리의 정책 전환에 관한 연구: 다목적 댐 건설에 대한 비판적 연구. 동의대 대학원 박사학위 논문.
• 김성현. 2003. "댐 건설이 지역사회에 미치는 영향". 춘천 물포럼 2003 논문집. 춘천 물포럼 2003 조직위원회.
• 김승. 2003. "한국의 물부족 평가-UN이 언급한 '한국은 물부족 국가'의 의미". 춘천 물포럼 2003 논문집. 춘천 물포럼 2003 조직위원회.
• 김영, 김경환, 류태창. 2003. "다기준 의사결정기법을 이용한 응급의료시설의 공간 입지분석에 관한 연구". 대한국토도시계획학회지. 제38권 제4호.
• 박석순. 2002. "환경친화적 댐건설을 위한 연구 방향". 환경친화적 댐건설 방향에 관한 심포지엄 및 추계 학술발표회. 한국환경복원녹화기술학회 · 한국수자원공사.
• 박순영. 2001. " '앞강' 에서 '동강' 까지-영월댐 수몰예정지 주민들의 경험". ECO 창간호. 한국환경사회학회.
• 박재묵. 2002. "이해관계의 대립과 사회영향평가". ECO 제3호. 한국환경사회학회.
• 서병하. 1997. "대댐의 사회경제적 영향과 사전 · 사후평가". 대댐의 환경영향과 평가방법 조사연구. 한국대댐학회. 105~127.
• 서울시정개발연구원 청계천복원지원연구단. 2002. 청계천복원 타당성 조사 및 기본계획-사회영향부문(중간보고서).
• 양지청. 2003. "대규모 공공투자 사업이 국가 및 지역경제에 미치는 영향 측정방안". 대한국토도시계획학회지. 제38권 제4호.
• 오대규. 2001. 델파이기법을 이용한 신종 및 재출현 전염성 질환 관리에 관한 연구, 연세대 대학원 박사학위논문.
• 유승민. 2003. "국책사업평가 혁신해야". Opinion Leaders' Digest No.241. 자유기업원.

• 윤용남. 2003. "한국의 물 현황 및 문제점과 물 관리 정책 방향". 춘천 물포럼 2003 논문집. 춘천 물포럼 2003 조직위원회.
• 연세대학교 연구처. 2002. 새논문작성법. 서울: 연세대학교.
• 이무춘, 구자건. 2004. 사회영향평가서 작성 지침서 개발-방향 및 추진원칙. 지속가능한댐개발기술연구그룹 세미나 자료집.
• 이상돈, 이정환, 정양이. 2003. "대형국책사업을 통해 본 사회환경영향평가의 문제점과 개선방안". 2003년도 추계학술발표회 자료집. 한국환경영향평가학회 : 114-117.
• 이수재. 2003. "댐 건설의 환경영향평가의 현황과 발전방안". 2003 한국환경생태학회 추계학술발표회 논문집 : 57-72.
• 이시재. 2002. "사회영향평가의 이론과 방법". ECO 제3호. 한국환경사회학회.
• 이시재. 2001. "영월동강댐 건설 계획의 사회영향평가". ECO 창간호. 한국환경사회학회.
• 이영진. 2000. 비자발적 이주민의 적응 전략에 관한 연구: 댐 수몰지구 이주민을 중심으로. 고려대 대학원 박사학위 논문.
• 이정환. 2004. 사회영향평가 제도화 방안 연구. 가톨릭대 대학원 사회학과 석사학위논문.
• 이찬재. 1984. 충주댐 수몰이주민의 경제적 사회적 변화에 관한 연구-1차 자유이주한 주민을 중심으로. 건국대학교 행정대학원 석사학위논문.
• 임범교. 2003. "댐 건설 환경의사결정 방법론 비교연구". 한국환경영향평가학회 추계학술발표회 자료집. 한국환경영향평가학회 : 118~123.
• 정용. 2001. "지속적 발전과 환경영향평가". 환경영향평가 제10권 제4호 : 279~286.
• 조명래. 2003. "국책사업을 둘러싼 환경갈등의 원인과 구조". ECO 2003년 하반기호. 한국환경사회학회 : 110-146.

- 조익준. 2001. 환경정책 결정과정에서 NGO의 역할 제고방안에 관한 연구 : 영월댐 건설, 새만금 간척사업 사례를 중심으로. 동국대학교 행정대학원 석사학위 논문.
- 지속가능경영원. 2005. 주요 국책사업의 환경갈등 메커니즘과 시사점. BISD Issue Paper 05-02.
- 최승업. 2001. 댐 건설이 주변지역에 미치는 영향과 대책. 강원발전연구원.
- 최승업. 2000. 수자원관리와 지방자치단체-수리권 제도의 개념 정립을 위한 기초연구. 강원개발연구원.
- 최형지. 2003. "댐 건설의 문제점과 바람직한 수자원 개발을 위한 제언". 춘천 물포럼 2003 논문집. 춘천 물포럼 2003 조직위원회.
- 한국개발연구원 공공투자관리센터. 1999. 수자원부문사업의 예비타당성조사 표준지침 연구.
- 한국개발연구원 공공투자관리센터. 2003. 수자원(댐)부문사업의 예비타당성조사 표준지침 연구(제3판).
- 한국개발연구원 공공투자관리센터. 2002. 괴산댐 재개발사업 예비타당성조사 보고서.
- 한국수자원공사. 2003. 댐건설 사업 업무체계(내부자료).
- 한국수자원공사. 1998. 보령다목적댐 건설사업 사후환경영향조사 5차 보고서.
- 한국수자원공사. 2000. 용담다목적댐 건설사업 사후환경영향조사.
- 한국수자원공사. 1994. 한국수자원공사 25년사(1967~1992).
- 한삼희. 2003. KDI의 '맞춤식 보고서'. 조선일보 2003년 10월 31일자.
- 한국환경정책평가연구원. 2002. 환경영향평가 제도개선 포럼 운영 최종보고서.
- 한상욱. 2003. "수자원의 이용 관리 및 개발에 따른 새로운 정책 제안". 한국수자원공사 환경경영 특강자료.

• 한상욱. 2000. "환경영향평가제도의 회고와 전망". 환경영향평가학회 2000년 추계학술 발표집. 29~33.
• 한상욱,이종호,남영숙. 2000. "新환경영향평가기술의 개발". 환경영향평가학회 2000년 추계학술 발표집. 137~146.
• 환경부. 2001. 환경영향평가서작성등에관한규정(환경부고시 제 2001-7호)
• 환경부. 2007, 환경영향평가서작성등에관한규정(환경부고시 제 2006-226호)
• 황기연, 변미리, 나태준. 2005. 프로젝트 청계천-갈등관리 전략. 나남출판사.
• 황석만. 1999. 댐건설 반대 주민운동에 관한 연구: 인제의 내린천댐 건설 반대 주민운동을 대상으로. 서울대 환경대학원 석사학위논문.
• Awakul, P. and S. Ogunlana. 2002. The Efect of Attitudinal Differences on Interface Conflict on Large Construction Projects : The Case Study of the Pak Mun Dam Project. Environmental Impact Asssessment Review(22) : Elsevier.
• Barrow, C.J., 2000. Social Impact Assessmen-An Introduction, London:Arnorld.
• Becker, D.R. et al. A Paticipatory Approach to Social Impact Assessment : the Interactive Community Forum. Environmental Impact Assessment Review. Vol. 23. Elsevier Inc.
• Bismar, A. 2003. Attention to Impact Pathway in EISs of Large Dam Projects. Environmental Impact Assessment Review. Elsevier Inc.
• Carroll, B. and T. Turpin. 2002. Environmental Impact Assessment Handbook, London : Thomas Telford.
• Dunham, R.B., 1998. The Delphi Technique, University of Wisconsin in School of Business(http://instruction.bus.wisc.edu/

obdemo/readings/delphi.html)

- Family, Youth and Community Care Queensland. 2000. Social Impact Assessment in Queensland. Social Impact Unit of Queensland.
- Gorden, S., 2003. Method to Social and Aggregate Expert Opinions-Delphi Technique, Oregon State University.
- IAIA. 2003. Social Impact Assessment-International Principle.
- Jain, R.K. et al. 2002. Environmental Assessment(2nd ed.), McGraw-Hill.
- Luetkestratkoetter. 2001. Benifits and Concerns about Dams. ICOLD Symposium on 'Benifits and Concerns about Dams'. Dresden : Deutsche TalsperrenKömitee.
- Martino, J.P. 1993. Technological Forecasting for Decision making, New York : McGraw-Hill.
- Milewski, J. et al., 1999. Dams and Benefit Sharing, World Commision on Dams.
- NEPA, 1998. Fact Sheet: Social Impact Assessment, NEPA Call-In Home Page.
- Schuster, E.G. 1985, The Delphi method : application to elk habitat quality. INT-353. Ogden, UT : USDA Forest Service, Intermountain Research Station.
- The International Committee on Guidelines and Principles for Social Impact Assessment. 1994. Guidelines and Principles for Social Impact Assessment.
- The International Committee on Guidelines and Principles for Social Impact Assessment. 2003. Principles and Guidelines for Social Impact Assessment in the USA, Impact Assessment and Project

Appraisal, 21(3). Beech Tree Publishing. UK.

- UNEP China Country Office. 2002. Social Impact Assessment Survey of the China West-East Gas Pipeline Project : Overall Report.
- United Nations. 2001. Multistage Environmental and Social Impact Assessment of Road Projects : Guildeline for a Comprehensive Process. New York.
- Zhang. 2000. Social Impact of Large Dams : The China Case. Chinese Academy of Agricultural Sciences, WCD Contributing Paper.
- WCD. 2001. Social Impact of Large Dams - Equity and distributional Issues
- WCD. 2000. Dams and Development-A New Framework for Decision-Making, London: Earthscan.
- WCD. 2000. Zambia-Zimbabwe Case Study Report : Kariba Dam-Zambezi River Basin(www.dams.org).
- WCD. 2000. USA Case Study Report : Grand Coulee Dam and Columnbia River Basin(www.dams.org).
- WCD. 2000. Turkey Case Study Report : Aslantas Dam-Ceyhan River Basin(www.dams.org).
- WCD. 2000. Thailand Case Study Report : Pak Mun Dam and Mekong/Mun River Basin(www.dams.org).
- WCD. 2000. Pakistan Case Study Report : The Tarbela Dam and Indus River Basin(www.dams.org).
- WCD. 2000. Brazil Case Study Report : Tucurui Dam and Amazon/Tocantins River Basin(www.dams.org).
- WCD. 2000. Norway Case Study Report : The Glomma and Lagen River Basin(www.dams.org).

부록

사회영향평가 지침(1): 계획단계용

1. 개 요

1.1 목 적

이 지침은 수자원 개발 즉, 댐 건설 계획 및 사업이 지역사회의 사회경제환경에 미치는 영향을 예측 분석하여 지역사회에 미치는 악영향을 예방하고 저감 방안을 마련하려는데 목적이 있다.

이 지침은 댐 관련 사업의 대안을 설정할 경우 의사결정자가 사회경제적 영향이 가장 적은 댐 입지를 선정하고 최적의 댐 규모를 결정하기 위한 의사 결정시 사용한다.

1.2 적용 범위

사회영향평가서는 단계별로는 1) 댐 건설 계획 2) 댐 건설 사업 등 2개 단계의 평가에 적용할 수 있으며, 댐 건설 계획의 경우 댐 건설 사업의 경우처럼 초안과 평가서 2개 분야로 구분하지 않고 다음과 같은 계획에 대해 활용 가능한 단일 평가서를 작성한다.

- 수자원장기종합계획
- 댐건설장기계획

• 댐 입지 및 위치, 규모 등 선정시

1.3 기존의 제도와의 관계

예비타당성조사나 타당성조사에서의 사회경제분야 영향평가를 보완하는 경우, 지침으로 활용한다. 독립적인 사회영향평가서를 작성할 때도 사용한다.

1.4 적용 시점

- 수자원장기종합계획 수립 전
- 댐건설장기계획 수립 전

1.5 원칙

첫째, 가능한 모든 대안을 비교하여 장 · 단점을 객관적으로 기술한다.

둘째, 댐건설 계획에 따른 사회경제영향이 시행 전과 비교하여 어떤 변화를 가져오는 자료 등을 제시하여 전후를 비교 · 분석한다.

2. 계획단계 평가서 작성내용 및 방법

2.1 공간적 범위와 시간적 범위

공간적 범위는 해당 댐 건설 계획 예정지가 속하는 시 · 군 · 자치단체를 포함하는 영향권 지역으로 한다. 시간적 범위는 국가적, 정책적 차원에서 수자원 관련 장기 정책 및 계획의 수립시부터 확정되기 전까지로 한다.

2.2 지역개황 조사

지역개황은 댐 건설 계획 지역에 대한 서술이다. 계획수립자는 사회경제분야 영향평가를 실시함에 있어서 당해 계획으로 영향을 받는 광역 및 기초자치단체의 사회경제영향 상황을 파악할 수 있도록 다음 각호에 해당하는 사항을 포함하여 지역개황 조사를 실시하고 그 내용을 평가서에 포함시키도록 한다(단, 환경부의 '환경영향평가서작성등에관한규정'의 지역개황 조사 항목은 포함시키지 않았음).

- 계획으로 영향을 받는 자치단체의 인구 · 주거 · 교육 개황
- 계획으로 영향을 받는 자치단체의 토지이용 · 산업 · 공공시설 · 교통 개황
- 계획으로 영향을 받는 자치단체의 보호구역 · 문화재 지정 현황

지역개황 조사결과를 알기 쉽게 표와 그림을 이용하여 작성하거나 요약 기술한다.

2.3 의견수렴 내용에 관한 사항

2.3.1 의견수렴 절차

댐건설장기계획에서 제시된 주민의견 수렴 절차와 유사한 절차로 서술한다.

- 댐 계획 수립자는 댐사업에 관한 지역참여 확대를 위하여 지역주민,

지자체 등이 참여하는 '지역협의회'를 구성 · 운영

• 지역협의회는 계획 확정 이전 단계인 기본계획 수립 단계에서 구성
• 댐 기본계획 수립시 '지역협의회'를 통하여 지역의견을 적극 수렴 · 반영하여 지역특성에 맞는 댐 건설계획 입안
• 지역의견 수렴절차의 제도화를 통하여 사전조사 거부, 집단민원 및 지역갈등 등 사회적 문제 적극 해소

2.3.2 의견수렴 방법

• 설명회, 공청회, 토론회, 전문가 회의 등 개최
• 신문 · 언론 매체를 통한 공고 및 공람
• 온라인, 인터넷 매체를 통한 수렴 방법

2.4 평가항목 및 평가방법

계획단계에서의 사회경제영향평가 작성 지침의 평가항목은 다음과 같이 정책성, 경제성, 환경성 등 3개 분야와 각 분야의 평가지표로 구성한다.

2.4.1 평가항목

가. 정책성 항목 : 정책적 측면에서의 계획 평가

정책성 분야는 지역낙후도, 사전환경성 평가, 지역 경제 파급효과, 관련 계획과의 일치성, 재원조달계획, 국고지원의 적합성 등 정책에 관한 평가항목으로 이루어져 있다. 지역낙후도의 경우 KDI에서 개발한 지역낙후도 지수가 있다(한국개발연구원, 2001).

나. 경제성 항목 : 경제적 측면에서의 계획 평가

경제성 분석에는 크게 댐 건설로 얻게 되는 편익과 화폐가치로 환산이 용이한 항목들이 포함된다. 개발로 인한 편익을 평가하고, 공사비, 용지보상비로 인한 비용을 평가하는 등의 비용-편익분석을 실시하고, 민감

도와 물수급 수요를 평가한다.

다. 환경성 항목 : 환경적 측면에서의 계획 평가

환경성 분야는 인구, 주거, 산업, 교육, 교통, 공공시설, 문화재 등 7개 항목에 걸쳐 인구 현황, 이주민 발생수, 산업 구조, 교육 환경, 도로 현황, 공공시설 분포 현황, 문화재 분포 현황 등을 평가한다.

다음은 계획단계에서의 3개의 사회경제영향 평가분야와 각 항목의 평가분야를 예를 들어 제시한 표이다.

2.4.2 평가 방법

지역적 특성, 자료의 이용 가능성 등을 고려하여 중요한 항목을 평가한다. 평가 방법으로는 다음과 같은 기법을 사용할 수 있다.

가. 분석적 계층화기법(AHP : Analytic Hierarchy Process)

1970년대 초 Pennsylvania 대학의 Thomas Saaty 교수가 미 국무부의 무기통제 및 군비축소국에서 의사결정과정의 비능률을 개선하기 위한 대안의 일환으로 개발한 의사결정방법론이며 의사결정의 목표, 또는 평가기준이 다수이며 복합적인 경우 상호 배반적인 대안들의 체계적인 평가를 지원하는 의사결정지원기법의 하나로서 정성적(qualitative) 요소를 포함하는 다기준(multi-criteria) 의사결정에 널리 사용되어 왔다.

AHP기법은 복잡한 문제를 계층화하여 주요 요인과 세부 요인으로 구분하여 이러한 요인들에 대한 쌍대비교(雙對比較: pairwise comparison)를 통해 중요도를 도출한다. 이 기법은 인간의 사고체계와 유사한 접근방법으로서 문제를 분석하고 분해하여 구조화할 수 있다는 점과 모형을 이용하여 상대적 중요도 또는 선호도를 체계적으로 비율척도(ratio scale)화 하여 정량적인 형태의 결과를 얻을 수 있다는 점에서 그 유용성을 인정받고 있다. 뿐만 아니라 간결한 적용절차에도 불구하고 척도선정, 가중치 산정절차, 민감도분석 등에 사용되는 각종 기법이 실증분석과 엄밀한 수리적 검증과정을 거쳐 채택된 방법들을 활용한다는 점에서 이론적으로 높이 평가된다.

나. 델파이기법(Delphi Technique)

직관적 예측 방법의 하나로서, 특정 주제에 대한 해당 분야 전문가 집단의 의견과 판단을 추출하고 수합하여 수렴시키는 조사 방법으로 미래에 대한 예측이 가능하며, 여러 사람의 두뇌를 합치는 민주적 수합 방법이다.

이 방법은 처음에 여러 사람이 한 자리에 모여 토론하는 데서 오는 비효율성을 줄이고, 영향력 있는 소수에 의하여 의사 결정이 이루어지는 것을 방지하며, 동료들의 의견에 반대하기 어려운 폐단을 극복하기 위하여 고안되었다고 한다.

합의단계는 3단계로 이루어지는데, 제1단계에서는 예측하고자 하는 주제를 구체화하여 질문지를 작성하고 이에 관련된 전문가들을 선정한다. 제2단계에서는 1차 응답 내용을 정리하여 최초의 응답자들에게 알려주는 후속 질문지를 개발하여 그들의 의견을 다시 조사한다. 제3단계에서는 각종 통계 기법들을 활용하여 일련의 조사과정에서 얻어진 내용들을 최종적으로 정리하고, 결과를 해석함으로써 미래를 예측한다.

다. 비용편익분석(Cost-Benefit Analysis)

경제성 분야의 각 평가항목을 화폐가치로 환산하여 종합함으로써 경제성을 평가한다. 이때 홍수조절, 수력발전등의 편익 뿐만 아니라, 지방세수감소 지역경제 약화와 같은 부정적인 영향도 함께 평가하도록 한다.

라. 다지역산업연관모형(KDI MRIO Model)

한국개발연구원에서 구축한 다지역산업연관모형을 사용하여 생산 유발효과, 부가가치 유발효과, 고용 유발효과, 임금 유발효과, 지역간 연계효과 등의 경제적 파급효과를 분석할 수 있다. 효과를 화폐가치로 나타낼 수 있으므로 경제성 항목으로 분류하여 함께 평가할 수 있다.

마. 스왓 분석(SWOT : Strength, Weakness, Opportunity, Threat)

환경분석을 통해 강점(Strength)과 약점(Weakness), 기회(Opportunity)와 위협(Threat) 요인을 규정하고 이를 토대로 전략을 수립하는 방법이다. 내부환경을 분석하여 강점과 약점을 발견하고, 외부환경을 분석해 기회와 위협을 찾아내어 이를 토대로 강점은 살리고 약점은 보완, 기회는 활용하고 위협은 억제하는 전략을 수립하는 방법이다.

2.5 계획으로 인한 영향의 예측 및 분석

계획으로 인한 영향의 예측 및 분석의 목적은 당해 계획의 시행으로 인하여 예상되는 주민의 생활과 재산상의 피해와 지역사회에 미치는 영향을 예측하는데 있다. 그 영향으로 인해 피해자와 수혜자간의 주민 갈등과 수혜지역과 피해지역간 지역 갈등을 사전에 파악한다.

- 댐 건설 계획으로 인한 사회경제환경 영향의 예측 및 분석은 댐 건설계획으로 인해 영향을 받는 사회경제환경 영향인자를 고려하여 수행하도록 한다. 계획으로 인한 영향의 예측 및 분석은 가능한 정량적 방법으로 수행하며 그것이 어려울 경우 정성적 방법을 이용하도록 한다.
- 계획으로 영향을 받는 광역 및 기초자치단체에 다른 개발 계획이 있을 경우 이를 포함시켜 예측 및 분석을 하도록 한다.
- 계획시행으로 인하여 환경 및 인체에 미칠 모든 영향을 현재 및 미래의 환경에 비추어 과학적인 방법으로 예측 · 평가하여 기술하되 예측결과는 체계적이고 종합적인 방법으로 표현 제시한다.
- 계획이 환경영향 요소별로 환경에 미칠 영향의 발생가능성, 정도,

시기 및 지역과 각 영향의 중요성을 기술한다. 특히, 간접적 영향과 장기적 영향을 소홀히 하여서는 안 된다.

- 환경에 미칠 영향을 사전에 예측할 수 없는 경우에는 그 내용 및 사유를 명시하여야 하며, 이에 불구하고 계획이 시행될 경우의 환경상 위험 부담 및 대책을 기술하여야 한다.
- 사회경제환경에 미칠 영향은 공사시와 운영시로 구분하여 예측 평가한다.
- 계획으로 인한 영향의 예측 및 분석은 현황조사 내용을 토대로 당해 계획의 시행으로 인하여 변화되는 영향인자를 모두 고려하여 저감 대책의 수립 전 · 후로 나누어 실시한다.
- 평가항목 상호간에 관련이 큰 사항에 대하여는 상호 연계하여 영향의 예측 및 분석을 실시한다.

2.6 예측 · 분석에 따른 평가

- 계획 수립자는 평가항목별로 예측 · 분석한 결과를 지역 주민과 공동체에 미치는 사회적 영향을 최소화하고 사회적 갈등 해소의 관점에서 평가를 실시한다.
- 평가항목별로 예측 · 분석에 따른 평가 결과를 간략하게 작성한다.
- 평가결과는 저감방안의 필요성 여부를 결정하므로 저감방안을 수립하는데 기본 자료로 활용된다.
- 평가는 상대적 평가방법으로 실시하여야 한다.
- 이에 따라 영향의 크기를 상대적으로 구분하여야 하고 이에 상응하는 대책을 수립하는 자료를 제공한다. 즉 영향의 정도(강, 중, 약)에 따라 대책을 수립하여야 한다.

2.7 저감대책의 수립

- 저감 대책은 앞서 시행한 현황조사, 영향의 예측 및 분석, 예측 · 분석에 따른 평가를 토대로 합리적이고 구체적인 내용으로 작성하여야 한다.
- 저감대책은 사회경제환경 현황 및 영향의 예측 · 분석 · 평가 등의 내용을 토대로 합리적이고 구체적인 내용으로 수립되어야 하며 일반적인 학문적, 기술적인 내용을 열거하여서는 안 된다.
- 평가서에 제시하는 저감방안에 대하여는 가능한 모든 대안을 비교하여 그 장 · 단점을 객관적으로 기술하여야 하며, 최종적으로 계획 시행시 이행할 저감방안을 선정 · 제시하되, 그 선정 사유를 명시한다.
- 계획의 성격상 계획수립자와 저감대책의 이행주체가 서로 상이한 경우에는 사전에 그 저감대책에 관하여 양자가 협의한 후 그 내용을 제시한다.
- 영향평가의 결과에 따라 수립된 저감방안의 내용이 토지의 이용과 관련되는 경우에는 그 내용을 토지이용계획에 반영한다.
- 계획시행에 따른 사회경제영향을 최소화 할 수 있도록, 이에 대한 방지대책을 검토하고 검토된 대책을 사전에 제시함으로써 환경의 악영향을 미연에 방지한다.
- 저감대책은 피해자와 수해자간의 주민 보상과 피해자와 수혜자간의 지역갈등을 해소하는 차원에서 형평성을 고려하여 합리적이고 구체적인 내용으로 수립되어야 한다.
- 경제적 · 기술적으로 가능한 합리적인 방안을 제시한다.
- 저감방안을 제시할 때에 저감방안에 대한 여러 가지 대안을 비교하고, 제시된 대안의 장 · 단점을 비교 · 분석한 후 이 중에서 적용할 최적안을 선정한다.
- 법상으로 지정된 중요지(구)역은 보전가치가 있는 대상이므로 동 지역과 인근지역에 계획입지를 억제하고, 불가피한 경우 충분한 저감

대책을 수립 · 제시한다.

- 영향의 저감방안 시행이 계획지역 관할 지방자치단체 또는 관련 국가기관 등 타 기관의 소관에 속하는 것일 때에는 당해 기관과 협의한 후 근거 서류를 첨부하여 제시하여야 한다.
- 수립된 저감대책에 대하여는 그 저감효과 분석을 실시하고 저감대책을 고려한 영향 예측을 실시하여야 한다.
- 영향을 최소화 할 수 있는 저감방안을 적절히 제시하거나 충분한 보상을 한다.
- 인구, 주거, 산업, 교육, 교통, 공공시설, 문화재 등 7개 사회경제영향평가 항목 모두 동일한 방법으로 대책을 수립한다.

2.8 환경에 미치는 불가피한 영향의 분석

저감대책의 수립에도 불구하고 현실적으로 대책 마련이 어려운 불가피한 악영향이 예상될 경우 이를 포함시켜야 한다.

계획시행으로 인하여 발생될 것으로 예상되는 환경영향중 현실적으로 그 저감이 곤란한 내용에 대하여는 영향평가 항목별로 구분하여 분석 · 기재하여야 한다.

2.9 대안설정 및 평가

댐 건설계획 수립자는 계획이 이주민 발생, 산업구조, 지역 총생산액, 교육환경 현황, 도로 현황, 공공시설 분포 현황, 문화재 분포 현황 등 사회경제환경에 중요한 영향을 미칠 것으로 예상되는 경우 대안을 설정하고 그에 대한 분석 및 평가를 실시하여야 한다. 이 경우 계획이라 함은 계획지역 위치, 계획규모, 계획시기, 공법 등 당해 계획의 중요 사항을 말한다.

예산 확보의 용이성, 지역낙후도 평가, 지역경제 활성화 효과, 재원조달 가능성, 사업추진 및 선호도, 환경성 항목 등을 종합하는 방법으로 대안을 설정하고 평가한다.

부록

사회영향평가 지침(2): 사업단계용

1. 개 요

1.1 목 적

이 지침은 수자원 사업 즉 댐, 건설사업이 지역사회의 사회경제환경에 미치는 영향을 예측 분석하여 이에 미치는 악영향을 예방하고 저감 방안을 마련하는데 있다. 이 지침은 댐 건설사업과 같이 이미 '입지'와 '규모'가 확정된 대형 건설사업의 시행에 있어서 건설사업의 시행이 사회경제적 환경에 미치는 악영향을 최소화하기 위한 영향 평가를 할 경우 사용한다.

1.2 적용 범위

사회영향평가서는 단계별로는 1) 댐 건설 계획 2) 댐 건설 사업 등 2개 단계의 평가에 적용할 수 있으며, 댐 건설 사업의 경우 환경영향평가 체제와 동일하게 〈초안〉과 〈평가서〉 2단계 분야로 구분해 적용한다.

2. 사업단계 평가서 작성 내용 및 방법

2.1 평가서의 일반적 지침

평가서는 논리적으로 작성하여야 하며, 이를 위하여 사회과학 및 자연과학, 순수과학 및 응용과학 등이 종합적으로 활용되어야 한다. 아울러 다음과 같은 원칙을 준수하여야 한다.

- 평가서의 내용은 명확하고, 구체적이어야 한다.
- 사업의 시행으로 인하여 사회경제 환경에 미칠 각 영향의 중요도를 규명하여 중요한 사항(중점평가 항목)을 집중적으로 고찰하여야 하며, 경미한 사항은 간략히 기술한다.
- 평가서를 작성함에 있어서 선정한 조사지역, 조사지점, 평가방법을 논리적으로 제시하여야 한다.
- 평가서는 일반인이 쉽게 이해할 수 있도록 작성하여야 한다.

2.2 공간적 범위와 시간적 범위

공간적 범위와 시간적 범위는 초안 및 평가서 모두 동일하게 적용한다.

2.2.1 공간적 범위

댐건설 및 운영에 따른 사회경제환경의 영향은 직간접적으로 나타나므로 영향의 공간적 범위를 간접적으로 영향을 받는 지역(이하 '직접 영향권' 으로 줄임)와 간접적으로 영향을 받는 지역(이하 '간접 영향권' 으로 줄임)으로 구분한다.

직접 영향권은 신규 댐이나 댐 재개발에 의하여 생기는 인공호수의 경계 지역과 도로, 건물, 댐 부속 시설이 설치된 공간이다. 간접 영향권은 댐 상류 수계지역과 댐 하류 지역으로 구분할 수 있고 그 사회경제적 영향도 다르게 나타난다. 신규 댐이나 댐 재개발에 따라 상류의 상수도보호구역 지정 지역 및 기타 수질 및 수변구역 등의 보호법으로 지정된 지역, 댐 하류 수환경의 변화가 일어나는 구간의 주변 지역 및 수몰지역 이주민들의 이주단지가 위치한 지역 등이다. 직접 영향권은 댐 건설의 규모에 따라 정확한 공간적 범위를 정할 수 있으나, 간접 영향권은 그 범위가 조정될 수 있다.

2.2.2 시간적 범위

신규 댐이나 댐 재개발 공사와 운영에 따라 발생할 수 있는 사회경제적 영향은 초기 발생한 1차 영향으로 끝나지 않고 다단계 영향, 즉 2차 내지 3차 영향의 유발 요인으로 작용할 수 있다. 더욱이 근래의 추세에 따라 댐 주변에 위락시설 계획을 수립하는 경우 댐 자체의 영향 외에 또 다른 영향 유발 요인이 발생할 수 있다. 시간적 범위의 설정은 기존의 자료 검토와 유사사례 참조, 전문가의 의견을 충분히 고려해 정한다.

2.3 지역개황 조사

지역개황 조사의 목적은 사업 시행으로 인해 발생할 수 있는 사회경제적 현황을 파악하고, 사업지역이 지니고 있는 긍정적 부정적 영향 및 잠재적 사회갈등 요소를 확인하는데 있다.

사업자는 사회영향평가를 실시함에 있어서 당해 사업지역 및 주변지역의 사회영향 상황을 파악할 수 있도록 다음 각호에 해당하는 사항을 포함하여 지역개황 조사를 실시하고 그 내용을 평가서에 포함시키도록 한다.

- 사업지역 및 주변지역 지역경제 활동의 특성 및 문제점
- 사업지역 및 주변지역에서의 댐건설에 따른 산업활동 제약에 따른 특성 및 문제점
- 사업지역 및 주변지역의 교육환경의 특성 및 문제점
- 상하류 지역주민 간 이해의 차이
- 사업지역 및 주변지역 사회의 구조적 특성

지역개황 조사 결과를 가급적 관련 도면 또는 그림으로 종합적으로 기술한다.

2.4 의견 수렴 내용에 관한 사항

의견수렴 과정은 기존의 환경 · 교통 · 재해등에관한영향평가법 제6조, 영 제6조 내지 제9조에 의한 의견수렴제도에 따른다(환경부고시 제2006-226호, 환경영향평가서작성등에관한규정 일부개정안).

다만 기존의 의견 수렴 제도는 자연 및 생활환경 분야 위주로 진행되었으므로 사회경제적 요소를 추가하여야 한다. 초안에 대한 의견은 자연 및 생활환경 관점뿐만 아니라 사회경제적 측면을 추가하여 사회과학 전문기관 및 단체의 의견을 수렴 하여야 한다.

초안은 주민의견 수렴을 위한 공람용 성격이므로 댐 건설사업이 주민의 사회경제환경 여건에 미칠 악영향 등을 중점적으로 서술하며, 평가서는 주민 의견의 반영 여부 및 반영된 사항을 서술하도록 한다.

2.5 평가항목 설정

2.5.1 환경영향요소 추출

사회경제환경 분야는 환경 · 교통 · 재해등에관한영향평가법개정안(2006년)에 의해 인구 · 주거 · 산업 3개 항목으로 축소되었으나 사회경제 분야 항목의 상세한 기술을 위해 다음과 같은 7개 평가 항목에 대해 평가를 한다.

- 인구
- 주거
- 산업 및 경제
- 공공시설
- 교육
- 교통
- 문화재

이러한 평가항목은 환경영향요소에 의해 영향을 받는 분야로서 그 요소의 종류와 강도에 따라 영향분야와 범위가 달라진다. 따라서 위의 7개의 모두 또는 이 중 일부를 중점적으로 평가할 것인지에 대한 설정은 환경영향 요소에 달려있다. 환경영향 요소는 댐건설 사업의 규모와 공사 및 운영 방식과 관련이 있다. 환경영향 요소로는 수몰면적, 교통단절, 인구감소, 댐 방류수 냉수 피해 등이 있다. 이러한 환경영향 요소는 사업의 내용에서 추출할 수 있다.

2.5.2 중점평가 항목의 설정

위에서 나열한 7개의 항목에 대한 평가는 많은 시간과 비용이 소요되어 심도있는 평가는 현실적으로 불가능하고 또 바람직하지 않다. 따라서 이 중 일부를 중점적으로 평가하여야 하고 그러기 위해서 중점평가 항목을 설정하여야 한다. 중점평가 항목 설정하기 위해 다음과 같은 방법을 사용할 수 있다.

- 분석적계층화(AHP) 기법
- 델파이(Delphi) 기법
- 브레인스토밍(Brainstorming)
- 기존 자료 참고

2.6 현황 조사

2.6.1 목적 및 일반 지침

현황조사의 목적은 사업시행 지역과 사업시행에 따라 영향을 받을 지역의 사회경제환경의 문제점을 파악하는데 있다. 따라서 막연하게 사실적 실태를 나열하는 것으로 끝나지 않아야 하며 지역사회가 안고 있는 사업으로 인해 예상되는 갈등과 관련하여 어떤 문제의 잠재력이 있는지 조사하여야 한다.

- 현황조사는 영향예측과 평가의 전 단계로서 이에 필요한 내용을 제시하여야 한다.
- 현황조사는 사업 시행에 따라 현저하게 영향을 받을 분야에 중점을 두어 즉, 중점평가 항목을 중심으로 실시하고 필요하지 않은 자료의 나열은 피한다.
- 현황조사는 가급적 사업시행지구(직접영향권)과 사업시행에 따라 영향을 받을 지역(간접영향권)으로 구분한다.
- 항목간의 상호관계를 고려하여 조사한다.

2.6.2 인 구

(1) 조사의 목적

사업시행과 운영에 따른 인구 증감 여부와 증감 정도를 예측 · 평가하는 기초자료를 제공한다. 조사결과는 또한 지역경제 및 산업활동, 지역사회 공동체 등 타 항목에 미치는 영향을 예측 평가하는데 사용할 수 있다.

⑵ 조사 범위

직접영향권인 사업대상지구과 사업시행으로 인해 간접적 영향이 예상되는 지역(간접영향권)으로 구분하여 조사범위를 정한다.

⑶ 조사 내용 및 항목

특히 침수 지역에서의 이주민 보상과 관련하여 직접영향권인 이주 지역에서의 인구현황 조사는 중요하다. 한편 사업시행 후 사업 주변지역 및 이주 지역의 인구 변화에 대한 평가도 염두에 두어야 한다. 이주민 발생을 사업 시행의 1차적 영향이라고 본다면 이에 따라 발생할 수 있는 2차적인 영향이라고 하는 지역의 인구 변화도 중요하다.

- 인구 변화 : 총인구수, 세대수, 인구밀도, 상주 인구수, 인구 밀집지역 조사
- 인구 구성 변화 : 연령별, 성별
- 산업별 인구 : 취업 인구, 실업률
- 인구 증감 현황

⑷ 조사 방법

최신 통계자료를 수집하여 분석, 정리하며 필요시 현지 조사를 한다.

⑸ 조사 결과

- 인구 현황 : 직 · 간접영향권으로 구분하여 각 항목별로 도표 등 시각적인 방법을 사용하여 분석결과를 정리한다.
- 인구 구성 현황 : 직 · 간접영향권으로 구분하여 각 항목별로 도표 등 시각적인 방법을 사용하여 분석결과를 정리한다.

• 인구 증감 현황 : 직 · 간접영향권으로 구분하여 대상사업 시행전 사업지역의 조사항목별 증감 상황을 기술하고(증감 인구수 및 증감률 표시) 기준년도를 설정하여 증가율을 표로 나타낸다.
• 인구 예측을 위해 필요하지 않은 자료의 나열은 피한다.

2.6.3 주 거

(1) 조사의 목적

사업시행 전에 주거의 특성을 파악하는데 있다. 현황조사의 결과는 특히 이주지역의 보상을 위한 평가 자료와 사업시행과 운영에 따른 주거변화 및 주거변화에 따른 사회적 결속 해체 등의 분야를 예측 · 평가하는 기초자료로 활용된다.

(2) 조사 범위

직접영향권인 사업대상지역과 사업 시행으로 인해 간접적으로 영향이 미칠 것으로 예상되는 지역(간접영향권)으로 구분하여 조사 범위를 정한다.

(3) 조사내용 및 항목

주거 분야에서는 직접영향권에서의 보상에 초점을 두고 조사는 실시되어야 하며 더 나아가 주거환경 및 전통마을의 붕괴 등 사회구조적 피해 정도도 조사에 포함시키는 것이 바람직하다. 이를 위해 다음의 사항을 조사한다.

• 가구수
• 주택 가격 및 지가
• 주택보급률
• 주거환경(주거지로서 적절성 여부)
• 숙박시설

(4) 조사방법

기존의 통계자료를 수집하여 분석, 정리하며 필요시 현지조사를 한다.

(5) 조사결과

가구수, 주택 형태의 특성 및 주택보급률, 주거환경 현황은 직 · 간접 영향권으로 구분하여 도표 등 도식화하여 나타낸다.

- 주거환경으로서의 적절성은 예를 들어 인근 공공시설까지의 평균 도달거리 및 시간과 가용한 운송 수단을 나타낸다.
- 각 항목들이 과거 5년간 변화 정도의 추이에 따라 비교표를 작성한다.

2.6.4 산업 및 경제, 관광 및 여가활동

(1) 조사의 목적

댐건설로 인한 지역 산업과 지역 경제, 관광 및 여가활동에 미치는 영향을 예측 · 평가하기 위한 기초자료를 제공하는데 있다.

(2) 조사범위

직접적으로 영향을 받는 사업대상지역과 사업시행으로 인해 간접적 영향이 예상되는 지역(간접영향권)으로 구분하여 조사범위를 정한다.

(3) 조사내용 및 항목

특히 침수지역의 산업활동 중단에 따른 보상을 염두에 두고 조사한다. 댐 건설과 운영은 간접영향권에서 지역경제 및 산업에 미치는 영향이 예상되므로 피해 예상 분야와 지역을 도출하여 민원발생 가능성을 탐지하는 것이 주요 조사내용이다. 따라서 이에 맞추어 조사내용과 항목을 제한하여야 한다.

- 산업
  - 농작물 및 과수원 생산 및 분포, 축산업, 어업, 임업, 관광, 골재채취, 빙상장 운영 등 산업 활동의 특성 (특유의 지역산업) 및 지역경

제에 미치는 영향 (고용효과, 물가 상승 등)
- 산업별 지역경제 기여도
- 지역 소득의 특성 (가계소득 및 분포)

• 지역 경제
- 지자체의 재정 자립도
- 세수 현황

• 여가활동
- 낚시
- 빙상
- 물놀이

(4) 조사방법

조사는 원칙적으로 통계자료와 학술적 가치가 있는 문헌과 일반적인 사회과학적 방법으로 실태를 파악하되 필요시 현지조사를 실시한다.

(5) 조사결과

지역특유의 전통산업을 포함한 산업, 지역경제, 관광 및 여가활동에 관한 조사결과는 시각적인 효과를 위해 도식화하여 기술한다. 댐 건설을 실시할 경우 전업, 폐업이 우려되는 지역특유의 전통 산업분야에 대해서는 지역 산업과 경제에 미치는 영향에 대해서도 기술한다.

2.6.5 교육

(1) 조사의 목적

직접영향권인 수몰지역에서와 간접영향권에서 사업의 시행에 따라 예상되는 교육환경영향을 예측평가하기 위한 현황자료를 제공하는 것이

조사의 목적이다.

(2) 조사범위

직접적으로 영향을 받는 직접영향권과 사업시행으로 인해 간접적 영향이 예상되는 간접영향권으로 구분하여 조사범위를 정한다.

(3) 조사내용 및 항목

주민 이주에 따라 기존의 학교가 폐교 또는 통폐합 될 수 있고 수몰지역 및 주변지역에서 도로 및 교통시설의 폐쇄에 따라 교육환경이 악화될 수 있다. 이러한 점을 고려하여 교육 현황에 대한 조사를 실시한다.

- 교육시설 현황(위치, 학교수, 교직원수, 학생수, 어린이보호구역 지정)
- 교육환경 현황(교육환경의 문제점)
- 피아노-미술학원 등 사교육 시설
- 통학수단

(4) 조사방법

기존 자료를 수집하여 분석 · 정리하며, 자료가 불충분하거나 기존자료의 확인을 위해 현지조사를 실시한다.

(5) 조사결과

교육시설의 과 · 부족 상황을 지도 또는 그림, 표로 기술한다. 교육시설의 현황을 파악하여 교육환경의 문제점을 도출하고 그 내용을 기술한다. 통학에 따른 제반 내용의 조사 내용을 정리하여 기술한다.

2.6.6 교통

(1) 조사목적

수몰지역에서 도로폐쇄는 교통량 및 시설의 변화를 유발하고 타 지역에서 불편한 교통영향을 초래할 수 있다. 이 점을 감안하여 교통환경에 관한 실태를 파악하고 자료를 제공하여야 한다.

(2) 조사범위

직접적으로 영향을 받는 사업지구와 사업시행으로 인해 간접적 영향이 예상되는 사업주변지역(간접영향권)으로 구분하여 조사범위를 정한다.

(3) 조사내용 및 항목

수몰 과 이주에 따라 교통시설 및 교통량의 변화가 예상되므로 수몰지역과 이주지역을 중심으로 산업활동과 개인활동과 관련한 교통불편에 대한 조사가 이루어져야 한다. 이 지역의 새로운 교통여건은 다른 지역에서도 접근성을 저하시키고 교통불편을 초래하므로 이에 대한 부분도 고려하여 조사하여야 한다.

- 수몰 및 이주지역, 그 외의 지역의 도로망과 교통시설물(주차장 포함) 현황
- 기존도로의 도로별 V/C, 서비스 수준
- 산행로 및 임도 현황

(4) 조사방법

도로 및 교통 관련 자료는 교통영향평가와 기타 자료를 이용하고 현지조사를 통해 확인 · 보완한다.

(5) 조사결과

기존자료의 조사와 현지조사를 통하여 파악한 사항을 지도, 그림 · 표를 이용하여 정리 · 기술한다. 교통량조사에 의해 기존도로의 도로별 V/C, 서비스 수준 분석내용을 기술한다.

2.6.7 공공시설

(1) 조사의 목적

사업의 시행에 따라 예상되는 공공시설의 변화는 주민편의에 지장을 초래할 수 있으므로 이를 예측평가하기 위한 기본자료를 제공하는데 있다.

(2) 조사범위

직접적으로 영향을 받는 직접영향권과 사업시행으로 인해 간접적 영향이 예상되는 간접영향권으로 구분하여 조사범위를 정한다.

(3) 조사내용 및 항목

주민 이주, 즉 주민 감소에 따라 기존의 공공시설은 폐쇄 또는 통폐합될 수 있고 수몰 주변 지역에서의 주민 편익제공이 떨어 질 수 있다. 이러한 점을 고려하여 교육 현황에 대한 조사를 실시하여야 한다.

- 공공시설(읍면동 사무소, 경찰서, 소방서, 병원, 우체국, 금융기관 등) 분포현황
- 공공시설 규모 및 이용실태
- 범죄 발생률

(4) 조사방법

기존 정부 자료를 수집하여 분석 · 정리하며 필요에 따라 현지조사가 필요한 항목은 현지조사를 실시한다.

(5) 조사결과

공공시설의 분포현황과 규모는 지도에 표기하고 그림과 표를 이용하여 기술한다. 공공시설의 규모와 이용실태, 범죄발생률은 표를 작성하고 정리, 기술한다.

2.6.8 문화재 및 전통문화 가치

(1) 조사의 목적

직접영향권에서 사업의 시행에 따라 예상되는 수몰 예상 문화재와 전통 문화 손실 및 지역공동체의 해체 등을 파악하는데 있다. 또한 문화 및 문화재 등의 보전대책을 수립하기 위해 실태 자료를 제시하는데 있다.

(2) 조사범위

문화재의 경우 직접적으로 영향을 받는 직접영향권을 조사범위로 하고 전통문화 가치의 경우 간접적 영향권으로 포함시켜 조사범위를 정할 수 있다.

(3) 조사내용 및 항목

댐 건설로 인한 침수지 발생에 따라 수몰지역에서의 매장 문화재를 포함한 문화재 및 유적지 손상여부와 지역 공동체 가치의 변화 여부에 초점을 맞춰 조사한다.

- 국가지정 및 지역지정 문화재 분포 현황(위치, 내역, 지정번호, 문화재 종류별 분포수, 관리자 등)
- 문화재 보호구역 지정 여부
- 지역 문화와 공동체

(4) 조사방법

기존 자료를 정리 · 분석하고 필요시 현지조사를 한다.

(5) 조사결과

(매장)문화재의 위치도를 작성하고 문화재의 개요, 보전상태, 매장문화재의 존재 가능성과 지역 문화와 지역공체에 대하여 기술한다.

2.7 영향의 예측 및 분석

영향의 예측 및 분석의 목적은 당해 사업의 시행으로 인하여 예상되는 주민의 생활과 재산상의 피해와 지역사회에 미치는 영향을 예측하는데 있다. 그 영향으로 인해 피해자와 수혜자간의 주민 갈등과 수혜지역과 피해지역간 지역갈등을 사전에 파악하는데 있다.

댐 건설로 인한 사회경제환경 영향의 예측 및 분석은 초안과 평가서 모두 댐 건설사업으로 인해 영향을 받는 사회경제환경 영향인자를 고려하여 수행하도록 한다. 댐건설 사업지구에 관광시설 등의 개발을 계획하는 경우 이를 포함시켜 예측 및 분석을 하도록 한다.

사업시행으로 인하여 발생할 수 있는 사회경제적 영향을 현재 및 미래의 환경에 비추어 사회과학적인 방법으로 예측 · 평가한다. 영향 예측 및 분석은 가능한 정량적 방법으로 수행하며 그것이 어려울 경우 논리적 경험적 방법을 이용하여 정성적으로 접근하도록 하고 예측 및 분석 결과는 체계적이고 종합적인 방법으로 표현 제시한다.

사업이 환경영향 요소별로 환경에 미칠 영향의 발생가능성, 정도, 시기 및 지역과 각 영향의 중요성을 기술한다. 특히, 간접적 영향과 장기적 영향을 소홀히 하여서는 안된다.

사회경제환경에 미칠 영향은 공사시와 운영시로 구분하여 예측 평가한다. 평가항목 상호간에 관련이 큰 사항에 대하여는 상호 연계하여 영향의 예측 및 분석을 실시한다.

2.7.1 인구

(1) 예측 목적

이주하여야 하는 인구수를 산정하여 이주민의 보상과 대책의 자료로 활용한다. 인구 증감에 따라 다른 평가항목에 미치는 영향을 예측하는데 사용한다.

(2) 예측 범위

현황조사와 동일하게 범위를 정한다.

(3) 예측내용 및 항목

수몰에 따른 1차적 영향인 인구 수의 변화에 대해서 산정한다. 1차적 영향에 따라 2차적 영향으로 발생할 수 있는 간접영향권인 사업 주변지역에서 인구변화와 댐 건설시와 운영시의 인구수 및 구성 변화를 예측한다.

(4) 예측방법

예측방법은 대상사업 계획내용과 유사사례를 참조하여 공사 중과 완료 후의 인구변화를 추정한다.

(5) 예측결과

예측 항목별로 예측된 내용을 표로 정리하고 이에 대해서 기술한다. 예를 들어 예상 인구수와 인구밀도 등의 변화, 예상인구수의 구성(연령별, 성별) 변화 등을 평가한다. 예측결과는 체계적이고 종합적인 방법으로 표현 제시한다.

2.7.2 주거

(1) 예측 목적

이주지역에서의 주거와 관련하여 보상 정도를 예측하고 사업시행과 운영에 따른 주거 변화 및 주거변화에 따른 사회적 결속 해체 등을 예측하여 주민과의 갈등을 도출하고 평가자료로 활용하는데 있다.

(2) 예측범위

현황조사와 동일한 범위로 정한다.

(3) 예측내용 및 항목

대상사업의 실시에 의하여 변화될 주거 특성을 기술하고 집단 혹은 자율 이주단지의 설치내역이 주변주거에 미치는 영향을 예측 및 분석한다.

(4) 예측방법

대상사업 사업계획 내용과 유사사례의 방법을 참조한다.

(5) 예측결과

다음의 결과를 제시한다.

· 이주지구의 주거와 그 주변 지역의 변화
· 이주지역의 주거환경으로서의 적절성
· 주민의 의사(설문조사) 결과
· 이주대상 부락수 및 가구수를 지역별로 도표화한 결과
· 보상 내용
· 타지역 유입 종사원을 위한 주택시설(사택, 기숙사) 건설계획

2.7.3 산업

(1) 예측목적

사업시행으로 인한 지역 산업과 지역 경제, 관광 및 여가활동에 미치는 영향을 예측하여 피해 보상과 관련된 갈등 문제를 도출하고 평가자료로 활용하는데 있다.

(2) 예측 범위

현황조사와 동일하게 범위를 정한다.

(3) 예측내용 및 항목

수몰에 따른 산업활동 및 지역경제에 미치는 영향뿐만 아니라 댐 건설공사와 댐 운영 및 주변개발 계획(관광 레저시설 설치 등)에 따른 지역경

제 및 산업에 미치는 영향을 예측한다.

- 농장물 및 과수원 생산에 미치는 경제적 영향(가계소득, 고용효과 등)
- 축산업, 어업, 임업, 관광업에 미치는 경제적 영향(가계소득, 고용효과 등)
- 골재채취 산업, 빙상장 운영 등 향토산업에 미치는 경제적 영향(가계소득, 고용효과 등)
- 산업활동의 영향에 따른 지역 경제 영향 예측(지자체의 재정 자립도, 세수 등
- 낚시, 빙상, 물놀이 등 여가활동에 미치는 영향

(4) 예측방법

예측은 이론식에 의한 방법, 유사사례의 인용, 해석 등에 의해 실시한다.

(5) 예측결과

- 소득과 고용효과 측면에서 댐건설 운영에 따른 변화 여부와 정도를 도식화하고 서술한다.
- 향토산업의 경제활동과 세수에 미치는 영향 등 지역경제 기여도 정도를 정리, 기술한다.
- 관광 및 여가활동(낚시, 빙상, 물놀이 등)에 미치는 영향 여부와 정도를 적절하게 예상 기술한다.

2.7.4 교육

(1) 예측 목적

주민 이주와 수몰지역 및 주변지역에서의 도로 및 교통시설 폐쇄에 따라 예상되는 교육환경의 변화를 예측하여 주민피해 등의 문제를 도출하고 평가 자료로 활용하는데 있다.

(2) 예측 범위

현황조사와 동일하게 범위를 정한다.

(3) 예측내용 및 항목

대상사업의 운영에 의하여 변화될 교육시설의 특성과 교육환경 변화 여부와 정도를 예측 및 분석한다.

- 댐 건설 사업으로 인해 교육시설, 교육환경에 미치는 영향
- 댐 건설 사업으로 인해 수몰이 예측되는 교육시설

(4) 예측방법

대상사업 계획 내용과 유사사례를 참조하는 방법에 의한다.

(5) 예측결과

- 수몰되는 교육시설의 수와 위치도
- 사업시행으로 인해 수몰지구 주변지역(간접영향권)에서의 교육시설의 통폐합 여부
- 장거리 통학에 따른 교육환경의 변화

2.7.5 교통

(1) 예측 목적

수몰지역에서 도로 폐쇄와 이에 따라 예상되는 수몰 주변지역의 교통 여건의 변화를 예측하여 주민 및 산업활동 미치는 부정적 영향 등의 문제를 도출하고 평가 자료로 활용하는데 있다.

(2) 예측 범위

현황조사와 동일하게 범위를 정한다.

(3) 예측내용 및 항목

수몰지역에서 유실되는 도로 구간을 기술하여야 하고 그 유실도로에 따라 예상되는 수몰주변지역의 도로망 변화 교통여건의 악화를 예측, 기술한다. 교통 관련 공공계획을 서술한다.

(4) 예측방법

- 예측은 이론식에 의한 방법, 유사사례의 인용, 해석에 의하여 실시한다.
- 가능한 정량적 방법으로 수행하며 그것이 어려울 경우 정성적 방법을 이용하도록 한다.

(5) 예측결과

- 유실도로와 이설도로를 도면에 표기한다.
- 유실도로와 이설도로에 따른 교통여건(접근성, 통학지장 등) 변화 정도를 도면 또는 도식화하여 기술한다.

2.7.6 공공시설

(1) 예측목적

직접영향권과 간접영향권에서의 공공시설의 양적 및 질적 변화를 예측하여 주민편의에 지장 여부를 평가하는 자료를 제공하는데 있다.

(2) 예측범위

현황조사와 동일하게 범위를 정한다.

(3) 예측내용 및 항목

이주민에 따른 인구감소에 의한 수몰 주변지역에서 공공시설의 양적 및 질적 변화를 예측한다.

- 댐 건설 사업으로 수몰이 예측되는 공공시설

• 수몰지역 주변에서의 공공시설 증감여부 및 이용도 변화
• 수몰된 공공시설의 대체여부

(4) 예측방법

댐 건설사업의 사업계획내용과 시 · 군 등의 공공시설 배치계획을 이용하여 예측한다.

(5) 예측결과

수몰된 공공시설 또는 신규 공공시설을 기존의 현황과 비교하여 분포, 규모, 이용편익 등의 측면에서 예측하고 그 내용을 지도와 표를 이용하여 정리하고 정리한 내용에 대해서 기술한다.

2.7.7 문화재

(1) 예측목적

직접영향권에서 수몰 예상되는 (매장)문화재와 전통 문화 손실 및 지역공동체의 해체 등을 예측하여 부정적 영향 등의 문제를 도출하고 평가자료로 활용하는데 있다.

(2) 예측범위

현황조사와 동일하게 범위를 정한다.

(3) 예측내용 및 항목

댐 건설로 인한 침수지 발생에 따라 수몰지역에서의 매장 문화재를 포함한 문화재 및 유적지 손상여부와 지역 공동체 가치의 변화 여부 예측한다.

• 국가지정 및 지역지정 (매장)문화재 변화 여부(유실여부, 위치변화, 내역변화, 지정변경 등)
• 유적지 손상여부

- 지역 문화와 공동체 변화

(4) 방법

- 예측은 문화재 현황과 대상사업계획의 내용 및 제원 등에 의해 실시한다.

(5) 예측결과

- (매장)문화재 가치 변화를 도면을 통해 기술하고 지역 문화와 지역공동체에 영향에 대해서도 기술한다.
- 문화재의 지정내용, 관계법령의 기준, 기타 문화재 가치에 관한 관계전문가의 의견을 지표로 하여 문화재의 보로, 보존에 관한 사례를 참고로 한 보존상의 영향유무를 기술한다.

2.8 예측 · 분석에 따른 평가

2.8.1 목적 및 일반적 지침

- 사업 시행으로 인해 지역 주민과 지역사회에 미치는 사회적 영향을 사업 전과 후를 비교하여 변화 여부와 사회적 갈등 해소의 관점에서 평가한다.
- 평가 결과는 저감방안의 필요성 여부를 결정하므로 저감방안을 수립하는데 기본자료로 활용된다.
- 평가는 상대적 평가방법으로 실시하여야 한다.
- 이에 따라 영향의 크기를 상대적으로 구분하여야 하고 이에 상응하는 대책을 수립하는 자료를 제공한다. 즉 영향의 정도(강, 중, 약)에 따라 대책을 수립하여야 한다.
- 평가 항목별로 예측、분석에 따른 평가 결과를 간략하게 작성한다.

2.8.2 인 구

(1) 평가 목적

보상 등을 통해 민원의 소지를 해소하고 이주민에 의해 발생하는 타 항목에 피해 여부와 정도를 평가하는데 있다.

(2) 평가내용 및 항목

- 이주인구에 따른 보상비용 평가
- 이주민에 따른 상 · 하류지역 인구 감소 정도
- 이주민에 따른 지자체 세수 감소 정도
- 이주민에 따른 지역경제 위축 정도
- 이주민에 따른 지역문화 영향 정도

(3) 평가방법

· 보상제도에 따라 보상 산정
· 댐건설 사업 전과 후 비교

2.8.3 주거

(1) 평가목적

보상 등을 통해 민원의 소지를 해소하고 수몰되는 주거지에 의해 발생하는 타 항목에 피해여부와 정도를 평가하는데 있다.

(2) 평가내용 및 항목

- 주거수몰에 따른 보상비용 평가
- 지역에서 수몰되는 주거양식의 중요도
- 이주지역에서의 아파트 가격 및 지가 변동
- 이주지역에서의 주택건설계획의 적절성 검토 등을 평가한다.

(3) 평가방법

- 보상제도에 따라 보상 산정
- 지역에서의 주거양식의 중요도 비교
- 댐건설 사업 전과 후의 비교

2.8.4 산업

(1) 평가목적

산업활동의 손실에 따른 민원의 소지를 해소하고, 수몰에 의해 영향을 받는 산업이 타 항목에 미치는 피해 여부와 정도를 파악하는데 있다.

(2) 평가내용 및 항목

- 수몰에 의한 산업활동의 중단이 지역경제 위축에 미치는 정도
- 수몰에 의한 관광자원의 손실이 지역경제 위축에 미치는 정도
- 수몰에 의한 여가공간 손실이 지역주민의 삶의 질에 미치는 정도
- 댐건설과 운영이 지역경제와 산업에 미치는 정도
- 관광개발 계획을 수립하는 경우 지역경제와 산업에 미치는 정도

(3) 평가방법

- 수몰지역에서의 산업활동을 지역경제와 비교
- 수몰지역의 관광자원 가치를 지역경제와 비교
- 지역에서 수몰지역 여가공간의 중요도 비교
- 댐건설과 운영의 경제적 파급효과를 지역경제와 비교

2.8.5 교육

(1) 평가목적

교육시설 및 교육환경의 변화로 발생되는 민원의 소지를 해소하고, 수몰에 의해 폐쇄되는 교육시설이 타 지역에 미치는 영향의 정도를 평가하

는데 있다.

⑵ 평가내용 및 항목

- 수몰된 교육시설 및 환경이 지역교육에서 차지하는 역할
- 교육시설의 수몰에 따른 지역 교육의 질적 여건 변화(취학 아동수, 학생수 증감, 이에 따른 교직원의 수, 교육시설의 통폐합 계획)

⑶ 평가방법

- 수몰지역의 교육환경과 수몰지역 주변의 교육환경 비교
- 교육청의 교육시설 배치계획 비교

2.8.6 교통

⑴ 평가목적

수몰에 따른 도로망 변화와 이설도로계획에 따른 민원의 소지를 해소하고, 교통환경 변화가 타 항목과 간접영향권에 미치는 피해 여부와 정도를 평가하는데 있다.

⑵ 평가내용 및 항목

- 이설도로의 지역주민 교통이용 편의성과 지역경제에 미치는 영향
- 주요 기관의 접근성 평가
- 통학 지장 여부 평가
- 교통환경의 변화가 지역경제(산업활동. 지가 등)에 미치는 영향 정도

⑶ 평가방법

- 수몰되는 도로와 이전의 도로 비교
- 수몰되는 도로와 이설도로 건설계획의 비교

2.8.7 공공시설

(1) 평가목적

수몰에 따른 공공시설 손실에 따른 민원의 소지를 해소하는데 있다.

(2) 평가내용 및 항목

- 담수지역에서의 공공시설 수몰에 따른 주변지역에서의 공공시설 증감 정도
- 공공시설 증감에 따른 편의 및 사회적 불안 발생(예: 범죄율)

(3) 평가방법

· 수몰되는 공공시설과 이전의 비교

· 공공시설 배치에 관한 계획 및 법규와 비교

2.8.8 문화재

(1) 평가목적

수몰에 따른 (매장)문화재와 전통적 가치의 손실이 지역사회에 미치는 영향 정도를 평가하는데 있다.

(2) 평가내용 및 항목

- 수몰되는 (매장)문화재의 보전
- 수몰되는 지역문화의 전통적 가치의 중요도
- 수몰되는 지역문화와 및 지역공통체가 지역문화에서 차지하는 정도

(3) 평가방법

- 국가 및 지방문화재와의 비교
- 직접영향권인 수몰지역과 간접영향권의 지역 문화 및 지역공동체 비교

2.9 저감대책의 수립

- 저감 대책은 초안, 평가서 모두 앞서 시행한 현황조사, 영향의 예측 및 분석, 예측 · 분석에 따른 평가를 토대로 작성한다.
- 저감 대책은 '댐건설및주변지역지원등에관한법률' 및 '물이용부담금' 제도와 '댐주변지역정비사업' 제도를 바탕으로 수립한다.
- 댐건설 이전보다 생활 및 경제여건이 나빠지지 않도록 지원책이 마련되어야 한다.
- 보상 외에 신규 댐 건설에 따른 상류지역에서의 규제제한이 최소화되어야 한다.
- 저감 대책은 피해자와 수해자간의 주민보상과 피해자와 수혜자간의 지역갈등을 해소하는 차원에서 형평성을 고려하여 합리적이고 구체적인 내용으로 수립되어야 한다.
- 사업의 성격상 사업자와 저감대책의 이행주체가 서로 상이한 경우에는 사전에 그 저감대책에 관하여 양자가 협의한 후 그 내용을 제시한다.

2.10 환경에 미치는 불가피한 영향의 분석

저감 대책의 수립에도 불구하고 현실적으로 대책 마련이 어려운 불가피한 악영향이 예상될 경우 이를 초안, 평가서에 포함시켜야 한다. 사업시행으로 인하여 발생될 것으로 예상되는 환경영향중 현실적으로 그 저감이 곤란한 내용에 대하여는 영향평가 항목별로 구분하여 분석 · 기재하여야 한다. 인구, 주거, 산업, 교육, 교통, 공공시설, 문화재 등 7개 항목 모두 동일한 방법으로 불가피한 영향을 분석한다.

2.11 사후환경영향조사계획

2.11.1 개요

사후환경관리단계는 "댐 건설시 및 운영 시 발생될 수 있는 환경피해를 방지하고, 아울러 당초의 사회영향평가가 적정하게 실시되었는가를 파악하기 위해 사업자가 행하는 주변 환경에 대한 조사, 분석 및 평가행위"로써 이미 작성된 평가서의 내용이 댐건설 또는 개발에 따라서 예기치 못했던 사항이 발생되고 있지 않은가를 파악하려는 목적이 있다.

댐건설 사업은 사회경제환경 분야에 있어서 큰 변화를 야기하는 사업이므로 사후환경관리 단계에서는 댐건설 사업으로 인한 사회경제분야에 대한 직·간접적인 악영향이 예상되는 항목을 조사하여 사회영향평가 당시의 예측치와 비교분석한다.

2.11.2 원칙

- 댐 건설사업 시행자는 사회경제환경 분야에 대한 사후조사가 필요하다고 판단될 경우 초안과 평가서에 사회경제환경 조사 계획을 제시하도록 한다.
- 각 항목별로 사업시행에 따라 사회경제환경에 영향을 미칠 것으로 예상되는 지역에서의 사후환경 영향조사지점, 방법, 횟수 등을 정하여 공사기간 및 운영기간 중 사후환경영향조사계획을 수립하여 평가서에 제시하여야 한다.
- 평가서에서 사전 예측한 결과와 주기적으로 비교·검토할 수 있도록 저감대책의 이행 여부 조사계획이 포함되어야 한다.
- 사업시행으로 인한 환경기준 등 유지하고자 하는 기준의 초과시 그에 대한 대책을 제시하여야 한다.

2.11.3 관련 법규

사후환경관리의 관련법규로는 '환경교통재해등에관한영향평가법' 이 있고 하위규정으로서는 '환경영향조사등에관한규칙' (환경부령)과 '환경영향평가서작성등에관한규정(환경부고시)' 등이 있다.

2.11.4 평가분야 및 방법

평가항목은 실시설계단계와 마찬가지로 인구, 주거, 산업, 공공시설, 교육, 교통, 문화재로 7개 항목으로 한다. 평가 방법으로는 면접, 설문조사, 자료조사 등을 활용한다.

2.11.5 비교분석

현황조사의 사회경제환경 분야 7개 항목별 조사결과를 실시 설계의 예측치와 비교분석을 한다.

2.11.6 결론

사회영향조사시의 결과와 사후환경영형조사 결과를 비교 분석한다. 필요시는 저감방안에 계획을 수립하여 제시한다.

2.12 대안설정 및 평가

- 댐 건설사업 시행자는 초안과 평가서에 사업계획이 사회환경에 중요한 영향을 미칠 것으로 예상되는 경우 대안을 설정하고 그에 대한 분석 및 평가를 실시하여야 한다. 이 경우 사업계획이라 함은 사업지역 위치, 사업규모, 사업시기, 공법 등 당해 사업의 중요사항을 말한다.

• 인구, 주거, 산업, 교육, 교통, 공공시설, 문화재 등 7개 항목 모두 동일한 방법으로 대안을 설정하고 평가한다.

찾아보기

환경갈등과 사회영향평가 방법

지 은 이　구자건 · 이무춘
펴 낸 곳　연세대학교 출판부
주　　소　서울특별시 서대문구 신촌동 134
전　　화　(02)392-6201, 2123-3380~2
팩　　스　(02)393-1421
E-mail　ysup@yonsei.ac.kr
홈페이지　http://www.yonsei.ac.kr/press
연세대학교 출판부
등　　록　1955년 10월 13일 제9-60호
인　　쇄　(주)태화북스

2008년 1월 20일 1판 1쇄
ISBN 978-89-7141-807-9(93330)

값 15,000원